產品負責人
實戰守則

PRODUCT
OWNER

金星翰　著

蔡佩君　譯

從洞悉顧客需求，
到引領敏捷開發，
韓國電商龍頭頂尖 PO 教你
打造好產品的決勝關鍵

三民書局

給教導我如何製作出正確產品的

維瓦克、特里德夫、埃里克老師。

———○————————————○———

Dedicating to Vivek, Tridiv, and Erik,

who in succession, taught me how to build the right products.

推薦序

　　作者史蒂芬在 Coupang 任職時，為了讓管理階層與開發團隊能夠專注於必須解決的問題上，總能用著系統化分析的方式帶領團隊，才得以在短時間內推出許多對顧客有所幫助且能快速成長的產品。產品管理要做到能夠影響整個團隊，讓大家一起朝正確的藍圖前進，真的是非常困難的一件事，而大部分的產品負責人 (Product Owner, PO) 都做不到這一點。所以我相信本書有其存在的必要性，如果你想要快速，並且用可擴充的方式開發出得以為無數人創造價值與帶來意義的產品，本書會成為十分有用的資料。

森提爾・蘇庫瑪 (Senthil Sukumar) 谷歌商業智慧領導人

產品的競爭力就是公司的競爭力，所以產品負責人的重要性不斷地在提升。但現實中卻鮮少有經營者清楚瞭解產品代表著什麼、產品負責人這個職務究竟要做什麼事。本書藉由作者本身的經歷，從頭到尾地仔細說明，讓我們瞭解日益重要的產品負責人的工作內容及應具備的能力。如果你是新創公司的老闆，或是有一定規模的線上服務經營者，又或者是想成為產品負責人的上班族，推薦各位一定要閱讀本書，這將是一個機會，提升你對產品負責人一職的洞察力，對強調顧客體驗的產品的理解力，以及引領整個產品組織的領導能力。

姜信奉（강신봉）Delivery Hero Korea (Yogiyo) 代表理事

數位創新的方法雖然是技術，但目標卻必須「以人為本」。雖然技術可以提供方便，但顧客並不會只以是否方便來選擇服務。本書透過身為 IT 服務產品負責人、擁有豐富知識與經驗的作者自身經歷，為我們解開「如何創造深入顧客生活之服務」的疑惑。對於所有想瞭解如何打造以人為本之數位創新服務的人而言，我相信本書是一本非讀不可的書籍。

金光遂（김광수）時任 NH 農協金融控股會長

這本書是為所有產品製作者而寫的書，雖然內容側重於產品負責人，但我打算推薦我們公司所有員工——即便跟此職務沒有相關——都閱讀本書。我個人從事產品製作已經很久，所以當我看到這本書仔細分類說明了我們該如何瞭解顧客、決定製作什麼產品、實際執行、評估成果，真是一吐為快。不管你是剛要開始製作產品的新手，還是已經從事產品負責人一段時間了，這本書都可以為各位帶來幫助。

Victor Ching O2O 居家服務 Miso 代表理事

前　言

「哇，連車子的顏色都變了！他們連這種小細節都注意到了！」

「怎麼了？車子顏色不一樣嗎？」

「嗯，剛剛是黑色的車，但現在來的這台 Uber 是白色的，所以車子的圖案也變白色了。 在韓國我們都只能看到圖標而已。」

我的好友站在台北寧夏夜市巷尾的星巴克前 ， 透過 Uber 叫車之後便興奮不已。 Uber 不止讓消費者看見車牌號碼與車款，連地圖上車子的圖案顏色也跟真的汽車一模一樣。

「他們連這種小細節都注意到了！」

我的好友在使用 Uber 時倍受感動，因為 Uber 不僅快速派車，為了讓顧客能夠更快辨識出車輛，連變換汽車顏色的小細節都不放過，讓他又驚訝又感謝，而且感到十分愉悅。

當顧客深受感動的同時，這個服務就會深植在顧客心中。Uber 在顧客感受到圖標變色的必要性之前，就已經先提供非常便利的服務給顧客了 ， 所以當這位顧客再拿 Uber 的這點跟其他服務做比較時，就會切身體會到 Uber 的服務非常良好。我那位在寧夏夜市還沒搭上白色 Uber 之前就先被感動一番的朋

友，一直到抵達目的地的過程中，都不斷繼續探索著 Uber 的 APP。

　　這種感動究竟是怎麼被觸動的？是誰決定要統一地圖與實際汽車的顏色？在沒有親身體驗前，根本不會認為這有多必要，為什麼 Uber 會想到要提供這個功能？

　　這種服務就是優良的產品案例。我們將可以透過提升使用經驗以提供高度價值的服務稱為「無形的產品」。有形的產品會經由工廠生產後抵達消費者手中，而無形的產品是被刻畫在某個人的腦海中，被安裝在我們手上的智慧型手機或者是書桌上的電腦裡。

　　這世界上存在著各式各樣的無形產品，有著讓我們可以躺在床上看著地球另一端脫口秀影片的 YouTube；讓我們可以和親近的人傳送貼圖一起聊天的 Kakao Talk；除了提供人們圖片與影像以外、還開始覬覦搜尋引擎的 Instagram；不需要公認認證書就可以快速轉帳的 Toss；在半夜 12 點前下單好想要的商品後、凌晨就會送到你家門口的 Coupang。

　　最受愛戴的產品，是會給予顧客感動的產品。執著於要如何能帶給顧客感動，並為此反覆思索與煩惱的這群人，就是所謂的產品負責人 (Product Owner, PO)。

　　有著「迷你 CEO」之稱的產品負責人，顧名思義，就是負

責主導一個產品的企畫、分析、設計、開發、測試、上市、營運的人。決定要統一 Uber 地圖上車子顏色的人，應該也是產品負責人。

> 「Coupang 的商品評價好像都沒有經過造假或故意刪除，真實資訊、產品說明、真心不騙的文章，在上面都能讓你一目了然，我很喜歡。」

> 「我買東西的時候也都會看 Coupang 的商品評價，很真實。」

> 「沒錯，不管到哪只要看到商品有負評，我就會覺得原來大家都是真的有購買這個產品。」

身為產品負責人，我最自豪的產品就是 Coupang 的商品評價。只要上網搜尋 Coupang 的商品評價，不難找到顧客們對它的稱讚。

我們僅僅花了 9 個月的時間，就讓數千萬筆由真實顧客撰寫的優質商品評價，取代了幾萬顆沒有附上文字的星等評價。我們完全沒有以金錢作為撰寫商品評價的回饋，而是不斷改善想寫評價和想閱讀的顧客的使用體驗，營造出一個自發性貢獻的環境。接著在看不見的地方設計出多樣化的高度演算法，只

顯示由實際買家撰寫、且可以幫助到其他顧客的評價。

「這個商品適合我嗎？我會喜歡嗎？」

任何人在買東西的時候都可能會出現這種疑惑，所以當時的我想要製作一種產品，得以幫助顧客輕鬆取得商品相關的真實答案。

我從高中開始嘗試創業，製作過各式各樣的產品。在 Coupang 就職的時候，多虧曾經在亞馬遜 (Amazon)、甲骨文 (Oracle)、谷歌 (Google) 等海外知名國際企業的同事，讓我自然而然體會到 OKR 的方式。2017 年，我獲選為《富比士》(*Forbes*) 雜誌公布的「亞洲 30 位 30 歲以下傑出青年」，這個榜單主要是在發掘全球具有潛力的人才，獲選者大多是有名的歌手或運動選手，而我身為 PO，也獲得了這樣的殊榮。

後來我加入了交易規模名列全球前 10 大的加密貨幣交易平台 Korbit，主要負責優化手機 APP 與網頁平台的產品。再次回到 Coupang 之後，我成為了物流開發火箭配送部門與數據科學小組的主責 PO。

想要實現火箭配送必須經歷好幾段程序，商品必須離開銷售者的工廠進入物流中心，買家下訂後就直接在物流中心集貨。妥當包裝好商品後抵達轉運站，再經由各種幹線移送至全國各地，接著 Coupang Man 再將抵達各地區的商品迅速配送到府。

我所負責的，是商品從銷售者工廠、到抵達顧客手上的過程中會使用到的無數種產品，以及應用在其中各層面的演算法。除了顧客會直接使用到的 APP 與網頁以外，在肉眼看不見的地方，我還負責研發讓營運得以自動化的演算法。這段時間中，我透過嘗試各種方法，學會了如何製作一個正確的產品。

「午夜前下單的產品可以在早上 7 點以前送到家門口，到底是怎麼辦到的？」

看到每天都有無數的顧客抱持著困惑為此感嘆，而我則是無時無刻不埋首在製作出能夠為顧客帶來感動的優秀產品。我想要與大家分享，我在這個過程中所領悟到的方法。

在本書中，我會盡我所能系統性地為各位說明，如何製作出能打動顧客的最好產品。我會使用每個職場人士都能理解的字彙，因為系統性的東西相對來說易於理解。我真心希望這本書所提到的案例、方法、原則可以促進更多產品的誕生。

我們周遭每個地方都在快速數位化，相較幾年前，我們點餐的方式改變了、去銀行辦事的方式改變了、買菜的習慣也改變了；多虧了這些各式各樣的產品改善了我們的生活。未來透過人工智能、機器學習等技術，產品將會在我們看不見的地方，帶領我們走向更便利的人生。希望到這個時候，只有真正站在顧客立場思考的產品才會被留在你我身邊。

　　就如同我朋友在異國他鄉使用 Uber 時為之感動一般 ，　期許閱讀這本書的某個你所製作的產品，可以為全球無數顧客帶來更強烈的感動。

2020 年 3 月

產品負責人　金星翰

目次

第 1 章

產品負責人 (PO) 是迷你 CEO

PO 是核心

「史蒂芬[1]，我可以給你一點忠告嗎？」

經常給出深度建議的外國上司，在每週面談的一開始就先拋出這個問題。總是能犀利地看透每件事的他很少使用「忠告」這個字彙，一瞬間我便緊張了起來。

「我看了你寄的信，也懂你的意思，但以後盡量直接找當事人談。就因為你使用 Email，所以連我也收到了這封信。」

「請問您所說的是哪一封信？」

「你跟其他部門設計師在爭論按鍵的形狀和顏色的那封信。」

當時我們正在爭論 Coupang APP 上的一個按鍵。我們組的測試結果良好，打算按照原計畫使用，但其他組卻提出了形狀

---

[1] 編註：Stephen，作者英文名。

和顏色不符合標準的反對意見。作為從頭到尾參與其中的主責 PO，我分享了測試的結果，並請對方提出為什麼要拿掉按鍵的具體根據，但是某一天這封信卻傳到了上司眼裡。

「史蒂芬，PO 是核心。」

他凝視著我的雙眼說道。雖然他臉上幾乎沒有笑意，但當他真摯地傳遞這個訊息給我的時候，聲音卻突然變得溫柔了起來。

「PO 要觀察所有人，除了工程師、設計師、商業分析師以外，還要觀察公司內外的顧客與部門，甚至包含像我這樣的管理階層。」

雖然這只是理所當然的事實，但上司一字一句道出這段話，讓我一下子就打起了精神。

「史蒂芬，我可以瞭解你為了保護團隊成果所以提出資料佐證。但是在這麼多人都可見的 Email 上，PO 如果表現出防禦性的態度，所有人都會感覺得到，要多加注意。再加上 Email 很容易散播，所以才會傳到我這裡不是嗎？」

「是，我瞭解了。以後撰寫 Email 之前我會先三思而後行，直接找對方談談。」

「記得，PO 是核心，所有人都在檢視著，絕對不要公開表露情緒。」

他最後的那句話一瞬間烙印在我的腦海裡，他說「不要表露情緒」。

產品負責人 (Product Owner, PO)，就是負責某項特定服務的人。亞馬遜、谷歌、Facebook、網飛 (Netflix)、Coupang、Kakao Talk、Toss 等我們經常接觸到的服務，都是透過像 PO 這類的產品負責人決定開發的方向。簡單來說，我們在智慧型手機裡使用的所有 APP 都是產品，而負責的人就是 PO。

PO 必須不斷分析顧客究竟需要什麼，驗證想推出的服務是否符合事業目標。接著與工程師或設計師等開發者 (Maker) 共同製作出新的功能或優化目前的服務。所以 PO 必須大量與人接觸、回答問題並下達決策。

在大框架下，PO 要在顧客與公司各自的需求與追求的目標之間，決定出最合適的開發方向。

公司所服務的顧客數以萬計，也代表顧客間會有各式各樣不同的看法。每一位顧客感受到的體驗都可能有著些許差距，因此 PO 所收到的意見也經常是千差萬別。有些顧客只想要快點收到商品，有些顧客不在意時間；有些顧客希望能夠在加密貨幣交易平台上直接交易，有些顧客則重視高額交易促成前要有再次確認的時間。

如果想把重視的使用體驗極為不同的顧客群兜在一起的時候，公司究竟要採用誰的意見？是要盡可能快速把貨交給所有顧客？還是讓特定顧客晚一點再收到？如果要把顧客區分成兩個群體，公司要負擔多少錢，或者有沒有機會成本？除此之外，究竟應該讓交易可以快速完成，還是要讓顧客能再次確認？

PO 會在這些情況下代替顧客煩惱，傾聽所有顧客的需求，並在這當中決定出優先順序，因為現實中我們不可能反饋所有顧客的意見。開發資源與時間有限，如果連特殊要求都開發出來的話，會模糊掉產品的方向與主體性。決定好優先順序之後，還要確認有沒有符合公司所追求的事業目標。舉例來說，交易平台的目標是讓成交速度能有超越所有競爭者的優勢，但如果因為幾位顧客就調降速度，或是在當中加上不必要的程序，就會與公司的目標背道而馳。

如果顧客需求與公司制定的目標很明確，PO 的工作就會比較簡單。但是，每當顧客感到不滿時，真的都會將意見傳遞給公司嗎？如果不是真的特別不方便的使用體驗，大部分情況下都會被顧客默許。再者，公司有設定好短期與中長期的目標嗎？有很多公司並沒有設定好目標，也會出現不知道要根據業界或市場狀況改變目標的情況。

PO 必須具備在不確定的情況下能夠洞察真相的觀察能力。就算客人沒有表達不滿，但這就真的代表這項服務如此完美無缺嗎？PO 很可能要直接從記錄顧客行為的廣泛數據中，找出被沉默所掩埋的問題。PO 也應該謹慎思考，如果公司忽然變更中長期目標，服務優化的方向能否馬上改變。為了用最佳方式應變還沒發生的變化，PO 必須注入心力未雨綢繆。

就算衡量顧客與公司雙方後決定好優先順序，也不代表任務就此結束。在把優化完成的服務推出到顧客面前之前，PO 必須要跟各個領域的人溝通，要跟開發者們溝通、確認技術方面的開發是否有可行性，從設計的觀點上看是否妥當，同時也要從商業的角度思考成本問題。PO 也要透過合作瞭解營運團隊有沒有不便的地方，並決定如何回答顧客對新功能所提出的問題。除此之外，為了防範可能發生的法律問題，還要接受法律部門的審查。

　　PO 很少有機會可以直接下定論，所以 PO 要隨時傾聽公司內部的聲音，持續溝通，直到找出一個所有人都同意的結論為止。就算遇到反對，也要提出數據作為依據來說服對方。假如 PO 明顯錯了，就要馬上認錯。用這種方式做決策、進行開發，直到帶給顧客更好的使用體驗之前 ，PO 都有責任仔細傾聽，並做出最佳的決策。

　　「謝謝您當時的建議 ，我好像稍微領悟到不表露情緒的方法了。」

　　幾年後，我寄了一封信向前上司問好。自從聽了他的建議後，我完全戒掉咖啡等諸如此類的咖啡因飲料，也幾乎不吃我

以前超愛的巧克力。當時我就已經不碰酒了,也開始遠離其他
會造成刺激的食物。就算加班,深夜裡我還是會做有氧運動,
並持續冥想和伸展,因為我希望我的身體和情緒都可以隨時保
持穩定。

　　雖然這些選擇有點極端,但是也讓我不太容易受到刺激,
而得以沉穩判斷所有的資訊。就算有人反對,我也可以冷靜地
傾聽再說服對方,在一起合作的開發工程師面前也能夠隨時保
持正向,而他們大幅受到我的言行所影響,打從一開始就不會
使用帶有情緒的字眼進行溝通。

　　在接下來的章節裡,我會仔細講解 PO 具體應該基於哪些
原則做判斷。各位一定要銘記,PO 扮演著核心的角色,不可
以側重於感性與直覺,並且有責任基於事實做出對所有人而言
最好的安排與決策。

獨裁型領導行不通

重量級企業併購員的時代過了，現在 MBA 畢業生夢寐以求的新職業是「產品經理」[2]。

2016 年 3 月 2 日的《華爾街日報》(*The Wall Street Journal*) 報導中指出，哈佛商學院 (Harvard Business School)、康乃爾 S.C. 詹森管理研究院 (S.C. Johnson Graduate School of Management)、西北大學凱洛格管理學院 (Kellogg School of Management at Northwestern University) 等最頂尖的商科大學為了培養產品經理，正在設立新學科和新課程[3]。報導中也同時

---

[2] Lindsay Gellman (Mar. 02, 2016). Coveted Job Title for M.B.A.s: Product Manager. *The Wall Street Journal*. https://www.wsj.com/articles/coveted-job-title-for-m-b-a-s-product-manager-1456933303

[3] 產品經理 (Product Manager, PM) 與 PO 廣義來看是相同的職務。PO 是敏捷開發框架 Scrum 中的角色稱謂，為了方便敘事，本書將會同時使用這兩種稱謂。

引用了哈佛商學院教授湯瑪斯・艾森曼 (Tom Eisenmann) 所述，簡單扼要解釋了產品經理究竟在做什麼。他提到，像食物外送服務業者 Uber Eats、亞馬遜 Prime 串流影音服務等產品，其實都是在將商業策略融入親手製作某樣東西的過程。

產品經理要負責市場調查、製作 Prototype [4]、測試、與設計師或工程師合作，最終將成品推出到消費者面前。菜鳥產品經理的年薪預估約達十幾萬美元。

報導裡所提到的年薪是真的。年薪數據分析業者 Glassdoor 提供的資料中顯示，2019 年美國產品經理的基本年薪平均為 133,886 美元，累積經歷升遷後可以領取 20 萬美元以上的基本年薪。如果不是以全美為調查對象，而是針對 IT 企業密集的加州為主進行調查的話，年薪會更高。

不知道是不是因為這樣，2017 年哈佛商學院的 MBA 畢業生中有 8% 成為產品經理，相隔一年，2018 年更有高達兩倍的學生選擇成為產品經理。其中前 25% 的人獲得 145,000 美元的基本年薪，大多數更領取到約 27,500 美元的入職津貼。如果再

---

[4] 編註：Prototype 直譯即為「原型」，指產品開發階段，為瞭解使用者實際操作流程，而將產品功能模擬為實際的 APP 或網頁環境，本書將於第 5 章詳細說明。

加上他們獲得的員工認股權，年度總報酬將會更上一層樓。

　　產品經理之所以可以獲得如此高待遇是有原因的。德州大學奧斯汀分校麥庫姆斯商學院 (McCombs School) 職涯發展負責人 Janet Huang 表示「幾乎所有產業都在發生技術上的變化，如果公司想要引進市場的技術，就需要一個能做到這件事的人」[5]。

　　此外，PO 還會與實現產品的專案經理一起攜手製作出新產品，或負責優化現有產品，並傾聽顧客的反饋。

　　韓國的 PO 人數目前還不多，公開收集的資訊量不足，無法知道 PO 的平均年薪。雖然經過驗證的 PO 待遇跟海外的水準應該相差不遠，但因為 PO 還是一個尚未普及化的職業群體，所以每間公司的政策不同，很難定義出確切的市場價格。

　　肯‧諾頓 (Ken Norton) 在擔任谷歌產品經理後，轉戰成為谷歌創投公司 (Google Ventures, GV) 的夥伴，他表示「從長期來看，如果可以做好產品經理這份工作，就可以在成敗之爭中成為贏家」[6]。不知道是不是基於對這件事情的期望值，許多

---

5 Rebecca Koenig (Mar. 12, 2019). 5 Hot Jobs for MBA Graduates. *US News*. 原網址：https://www.usnews.com/education/best-graduate-schools/top-business-schools/articles/hot-jobs-for-mba-graduates. 現網址：https://news.yahoo.com/5-hot-jobs-mba-graduates-123000874.html

6 Ken Norton (Jun. 14, 2005). How to Hire a Product Manager. https://www.bringthedonuts.com/essays/productmanager.html

國內外的公司在解釋 PO 這個職務的時候，都會稱之為「迷你CEO」。

除了這個別具吸引力的稱謂之外，公司還給予相對較高的報酬，很容易讓人誤會 PO 是像 CEO 一樣可以下達決策的人，但這並非事實。

「我個性沒那麼好，有時候也會生氣，有時候也會跟工程師吵架。」

我以前的 PO 同事悄悄透露出自己的苦處，他說自己也有大嗓門的時候，偶爾也會無可奈何地指派開發團隊工作。

PO 必須盡可能快速地提供有助於顧客與公司的使用體驗，為此經常被時間追著跑，特別是要在公司內部盡快提出決策方案時的壓力，更是他人所不及。但是其他一起合作的同事可能無法感同身受，因此常有對方還在做其他工作，而導致時程難以配合的情況。這種時候 PO 就必須說服對方，在備感壓力時，很可能會出現好似自己本來就具有權限，直接單方面下決定再告知對方的情形。

PO 不能像獨裁者一樣稱霸團隊。「這個很重要，請盡快做完交給我」，要開口對設計師或工程師說這種話很簡單，但是不管再怎麼迫在眉睫，如果總採取單方面告知對方的態度，長期下來會很難獲得團隊的尊重。PO 當然必須讓對方瞭解，為什

麼要緊急變更開發順序、這麼做的目的為何。如果團隊手上已經有正在開發中的事項，PO 也要決定是否應該將該項目的優先順序調降，並要盡可能地解釋好事情的來龍去脈。

換位思考一下，如果上星期 PO 明明說「下星期之前一定要完成」，自己也計劃好時間開始著手開發，但是過幾天之後 PO 又改口說「現在那個比較重要，盡快交給我」，你會有什麼感受呢？站在合作者的立場上，肯定會感受到壓力。但是 PO 被賦予的責任感及報酬，會讓 PO 誤以為自己是比他人更高一層的決策者。

PO 絕對沒有凌駕於一切之上，關於這點下一章還會更詳細解釋。實際上，被稱為「迷你 CEO」的 PO 所做的工作，可能比 CEO 還更困難，因為 PO 並沒有被賦予任何權限，所以 PO 必須要用明確的事實和數據來說服對方。

> 妥善的產品管理會精進你的公司與產品，並可能因此發揮最關鍵的作用；但如果沒好好落實產品管理，就會對公司與團隊造成巨大的傷害。[7]

---

[7] Josh Elman (Oct. 27, 2015). Let's talk about Product Management. https://news.greylock.com/let-s-talk-about-product-management-d7bc5606e0c4

喬什‧埃爾曼 (Josh Elman) 在 Facebook 和 Twitter 累積產品經理的經驗後，轉職到知名風險投資基金 Greylock。如同他上方所述，PO 若對於自己的任務和責任沒有良好的理解就一意孤行的話，整個團隊便會垮台。

「我在亞馬遜公司工作的時候，為了把產品推到客人面前，什麼事我都做。工程師要去拿送洗的衣服？我代替他去。」

某位跳槽到 Coupang 的外國 PO 曾經這樣開玩笑地說。雖然我不知道他有沒有真的去幫忙拿送洗的衣服，但是我覺得這並不無可能。PO 與其強行要求他人遵從自己所制定的計畫，更重要的是思考怎麼做才能夠有效創造出成果。如果幫忙對方拿衣服就能夠讓工程師更專注在工作上，那麼我也會很樂意為其代勞。

「你們團隊的工程師最近在早上的 Scrum 會議看起來不太開心，參與度也不佳，可以幫我瞭解一下發生了什麼事嗎？」

「好的，剛好我明天早上也有跟工程師的定期面談。」

「如果他們覺得最近的工作很無趣，或是不瞭解我們的工作會對顧客造成什麼影響的話，一定要告訴我。我會盡我所能重新解釋給他們聽，給予激勵。」

我會觀察一起合作的工程師或數據科學家的狀態。我目前合作的開發團隊位處在海外的辦公室，雖然我們通常都只有視

訊會議，但這樣的方式卻比想像中更容易感受到對方的心理狀態。

　　如果放任不好的狀況置之不理，向顧客展示使用體驗的過程就會漸漸受到負面影響，所以要不斷細心觀察。同理，我們也要向管理開發人員的主管詢問，有沒有什麼地方可以幫上忙。

　　PO 為了讓同事們可以專注在自己的工作上，要負責很多其他附屬的工作。例如，整理並寄出其他會議的紀錄、翻譯書信來往的內容、解釋跟顧客之間的對話內容，甚至是召開會議時預約一間大家覺得最方便的會議室。

　　「提到產品經理，學生們會聯想到『願景』、『產品 CEO』等字彙，但實際上產品經理也要負責管理，這個職位就像是一個被過度美化的工作人員一樣。」

　　這句話出自於 2013 年從哈佛商學院畢業後、成為谷歌產品經理的普利姆・拉瑪斯瓦米 (Prem Ramaswami) 在《華爾街日報》刊載的文章。這段話顯示，產品經理這份工作並不像外界看起來的那樣光鮮亮麗。

　　PO 不是一個可以告知決策並要求對方執行的 CEO，反而更接近於一位姿態要放得比任何人都低、傾聽他人、只以事實為依據說服他人的獨行者。

有責任卻沒有權限

「史蒂芬，現在的 Layout 看起來很奇怪！」

加班結束運動完之後剛好過了午夜，當我正要返家休息的時候，突然接到一通匆忙的電話，同時間 Slack（企業公司內部所使用的通訊軟體之一）的通知不斷湧現，很明顯，有一個影響現場各處的問題爆發了。

第一次進到 Coupang 工作時，我主要擔任提供顧客手機與 PC 服務的 PO。因為公司有負責客訴的客服中心，除了幾位熱心的顧客以外，沒有顧客會直接打電話給我。跳槽到加密貨幣交易平台 Korbit 後，雖然我必須時時刻刻繃緊神經注意全球各地連線交易人的交易特性，但問題還是由 24 小時運作的客服中心受理，在 Korbit 時我也很少會直接處理客訴。

然而，當我再次回鍋 Coupang 的時候，情況卻完全不同了。我的主要顧客就在公司內部，只要他們有疑問或是發生問

題的話，就會立刻聯絡身為 PO 的我。有時，一個下午每隔幾分鐘就要接一次電話的情形也並不少見。

「您好，可以稍等一下嗎？我們會先檢查後再與您聯絡。」

「好的，麻煩盡快檢查了。」

身為 PO，我已經有無數次處理緊急事件的經驗了，雖然已經習慣了，但每當發生問題時，我還是會很緊張。就算錯不在我身上，但因為這是我親自負責的服務，如果使用者表示感到不便，愧疚感就會從內心深處湧上心頭。

「拜託接個電話，為什麼你不在線上……」

這時我必須請數據科學家親自來瞭解原因。因為跟我共事的技術人員全部都在海外辦公室，這種情形下，我就會感受到彼此的距離更加遙遠了。

「不好意思大晚上吵醒你，可以幫我聯絡今晚負責處理的開發人員嗎？」

「你是史蒂芬嗎？好的，等我一下。」

我打了一通電話給位在中國的開發經理。雖然我好像不小心擾人清夢，但他立刻答覆我會聯絡其他組員。

「您好，我是 PO 史蒂芬。目前團隊正在確認原因，我會隨時更新狀況，很抱歉造成各位的不便。」

我在現場所有使用者都可見的訊息窗上留言，因為我知道他們所有人都正焦急地等待著，而我的心情比他們更急躁。不管是外部的客戶還是內部的員工，只要是被服務的使用者都會深信自己就是顧客。我非常不喜歡失去顧客信任的感覺，所以很想盡快解決。

「ETA（預計完成時間）是什麼時候？現場只剩下 20 分鐘了。」

「我們正在看。」

我想要告訴顧客問題何時會解決，同時不想浪費任何一分一秒，想盡快解決問題，但我也不願分散工程師的注意力，這兩種想法互相衝突著。經過深思熟慮後，我還是向工程師提問，不過並沒得到還有多久能完成的答覆。為了保持平常心，我深吸了一口氣向顧客解釋。

「團隊正在調查問題發生的原因，如果 5 分鐘之內沒辦法解決的話，我們會還原到上一個版本，請稍等。」

我再次發公告，並再度問了開發團隊，卻只得到時間難以估算的答案。他們肯定也是心急如焚，但是身為 PO 的我必須為所有人做決定。

「可以幫我還原（Rollback，回溯到穩定的版本）到之前的版本嗎？先讓現場可以使用之後，我們再來找原因吧。如果可以幫我新增一個記錄故障狀況的 Ticket 就更好了。」

我認為再浪費時間好像也沒有意義了，因此就這樣拜託了我的組員。我們應該要分類故障的狀況、找到原因之後再召集會議，並找出如何避免相同情況再度發生的方法。

「版本還原已完成，請各位更新後再使用。我們會注意不讓相同的情況再發生，再次為造成各位的不便道歉。」

最後的公告發出後，位在中國的組員們便開始尋找原因。確認現場已經可以正常運作，也能提供購買商品的大量消費者一個穩定的體驗（服務）之後，我才鬆了一口氣。

「史蒂芬，很抱歉。我們今天修改了一部分的演算法，因為我們沒有考慮到特殊狀況，所以沒有進行這個部分的測試，明天修正好後會再更新。」

「沒關係，找到原因就好。我們再多加一個使用者案例上去，以免下次又發生同樣的事，上午開會時我們再討論一下吧。謝謝你這麼晚還幫忙我。」

　　時光飛逝，凌晨 3 點左右一位工程師傳來一封道歉的訊息。不知道是不是太常經歷這種事，我已經到達一種無所謂的境界了，一點都不會感覺不悅，因為我明白感情用事對任何人來說都沒有好處。我們的目的是讓會受到直接、間接影響的所有顧客獲得最佳的使用體驗，所以沒有必要再說三道四。再者，工程師在當下又該有多緊張呢？我認為只要從這次的經驗中學習，不要再出現相同的錯誤就好。

　　與「迷你 CEO」的稱號不同，PO 幾乎沒有任何權限，特別是幾乎沒有人事權力，很少會直接管理其他的 PO，大部分的 PO 都是以個人貢獻者 (Individual Contributor, IC) 的身分累積工作經驗。不需要管理他人、只需要專注在自己擅長的事物上，這點確實頗具吸引力，但是 PO 同樣也不能指揮他人。

　　不論什麼崗位，具有人事權限的主管可以決定是否要給予直屬部下甜頭吃，讓他晉升或調漲年薪，也可以用解雇處罰他。CEO 也擁有同樣的人事權限，當員工犯錯、對公司造成負面影響、損壞顧客利益等，都可以採取對應的處理。

　　但是 PO 並沒有這種權限。深夜出現故障的時候，第一個被聯絡的是 PO，基於責任心，睜著眼睛緊張到三更半夜，但卻無法向實際造成該原因的人追究責任。

　　和 CEO 一樣具有人事權限的管理者可以下達工作指令，妥

善利用自己的位階向其他人施壓，將成果引導到自己期望的方向。即便不下達指令，員工也會看主管臉色，這個優勢可以帶來非常大的便利。

但是 PO 不能這樣下達命令，而是要不斷說服他人，PO 的職責就是盡可能具體陳述事實或為對方解釋，然後不斷證明自己的能力，獲得他人的尊重。雖然短時間內要獲得團隊信任非常困難，但是 PO 要表現出負責的樣子，努力獲得同事與顧客的尊重。「因為我們要朝這個方向發展，我們這次嘗試開發這個項目怎麼樣？」也要像這樣詢問團隊的意見。

所以我經常會用疑問句代替命令。我不會說「麻煩立刻還原」，而是會詢問他們「能不能幫我還原到上個版本」，並連帶解釋「先做個處理讓現場可以繼續使用，之後再一起找原因」。

假如 PO 權限太大，紐帶關係就會呈現截然不同的局面，為了保持健康的關係，對 PO 來說反而沒有權限更方便。如此一來，PO 不會是單方面指使別人，而是要想辦法讓合作更有效率。

當發生問題的時候，所有問題和焦點都會在 PO 身上，但創下壯舉的時候，PO 又會把功勞歸於一起合作的同事，因為這些服務都是出自於他們的雙手。責任眾多、但沒有權限的 PO，應當時時刻刻都保持謙虛。

對於顧客，請執著、再執著

「您希望明年這個時候 Korbit 可以提供什麼樣的服務呢？我想瞭解您的願景。」

「加密貨幣市場上除了一般投資人以外，還有海外交易員與企業顧客。我希望 Korbit 可以成為海外交易員與企業顧客值得信賴的交易平台，就像是加密貨幣界裡的高盛 (Goldman Sachs) 一樣。」

我以產品負責人一職進到 Korbit 後，在跟老闆聊天的過程中，我邀請他分享自己的願景，因為我希望可以從中思考如何讓經理人的願景與產品開發的方向一致。

「好的，我製作產品路線圖的時候會加以參考。」

「史蒂芬，你著筆之前，我希望你先做一件事。即使你不是加密貨幣交易人也沒關係，至少親自去拜訪一位重度交易

者[8]，在旁邊觀察他操作的方法。重度交易者與企業所使用的功能會異於一般交易人所使用的功能。」

他說的一點都沒錯。我雖然很久以前有過交易比特幣(Bitcoin) 這類加密貨幣的經驗，但從來沒有把交易這件事情當作正職，也完全沒有擬好策略時刻監控市場走勢或開發系統交易的經驗。

負責產品的 PO 必須要對實際顧客有著豐沛的瞭解。當時老闆提到的事業方向中，重度交易者與企業顧客是重點對象，而我必須要找出這些顧客們想要的究竟是什麼。所以老闆要求我直接去找一個人，在他旁邊默默學習。我想當時老闆是怕我不小心略過這步，所以才向我提出建議。

PO 必須要像這樣努力親自瞭解顧客。當我們回過頭思考 PO 這個職務為什麼會出現，就會知道為什麼企業需要一位會執著在顧客身上的人才。PO 的起源可以追溯到 20 世紀初期所出現的 Brand Man 一職。

以下是 Brand Man 的義務與責任。[9]

---

[8] Heavy Trader，交易頻率或金額較高的交易者。

[9] Alexander Lowe (Dec. 29, 2016). The History of Product Management-Part 1, Inception. https://alexlowe.io/the-history-of-product-management-part-1-inception

1931 年 5 月 13 日，身為民生必需品製造公司 P&G (Procter & Gamble) 年輕高管的尼爾 · 麥可羅伊 (Neil Hosler McElroy)，遞了三張紙條給當時正在煩惱要補足內部人力的高階管理層，解釋了 Brand Man 這個職位。

Brand Man

1. 密切注意自己負責產品的每一個出庫量

2. 當品牌的產品銷量良好或銷量出現增加趨勢時，仔細注意可能形成的原因，再試著將其沿用至其他相似的地區

3. 品牌產品出庫量低的時候：

    a. 分析該品牌過去的廣告與行銷履歷，親自拜訪經銷商或客戶，瞭解該地區的特性後找出問題點

    b. 如果發現我們的弱點，就要樹立計畫，以解決在該地區發生的問題。當然，除了樹立計畫以外，也要妥善計算出確切的成本

    c. 將計畫詳細報告給出庫量低落地的分區負責人，從他身上取得權限與資源以解決問題

    d. 為了實施計畫，準備好所需的人力資源與物品，並將該計畫分享給各地區。協助業務人員做好準備，確實執行所有程序直到結束，確保計畫的預期銷售結果不被打亂

　　e.記錄所有必要資訊，為了驗證計畫有無達到預期的結果，
　　　還需要進行現場分析
4.不只要評估被列印出來的宣傳品，也要對負責的品牌與相關
　的表現負起全責
5.對使用在品牌上的所有廣告費用負責
6.一年要親自拜訪各地區負責人數次，跟他們討論所有可能產
　生的問題點

　　後來成為 P&G 總裁的麥可羅伊，希望每個品牌都可以雇
用一位專責的 Brand Man。 Brand Man 除了廣告執行與確認出
庫量以外，還有義務要到每個地區巡視，向顧客與同事學習；
從產品開發、出貨、物流、行銷、數據分析，到聽取顧客與同
事的意見，藉此試圖找到一位可以反覆執行所有過程的負責人。
　　1957 年， 麥可羅伊被美國總統德懷特・艾森豪 (Dwight
Eisenhower) 任命為美國的國防部長。 他在成立 NASA 的過程
中做出極大的貢獻，晚年則擔任史丹佛大學的顧問，影響了年
輕時期在史丹佛大學創立惠普 (HP) 的威廉・惠利特 (William
Hewlett) 與大衛・普克德 (David Packard)。
　　惠利特與普克德受到麥可羅伊的指導，將 Brand Man 的核
心價值與產品經理一職接軌，他們希望決策的過程可以盡可能

貼近顧客，同時希望產品經理可以在企業內部作為顧客聲音的代言人。普克德於 1995 年發行的著書 《惠普風範》 (*The HP Way*) 中提到，由於產品經理對顧客的執著，才可以實現令人驚豔的結果。現實中，惠普到 1993 年為止，數十年來每年都持續創下 20% 以上的年增率。

惠普為了讓各項產品與顧客保持更緊密的關係，還創立了新的組織結構。為了專注於各項產品的企劃、開發、生產與銷售，他們劃分出被稱為 「產品部門」 (Product Division) 的小型組織，當該部門人數超過 500 人以上時會再進行一次劃分，讓組織形態進一步縮小，使各部門可以專注在自己負責的產品上。

除了 P&G 的民生必需品、惠普的電子產品以外，產品管理也擴散到汽車產業。大野耐一與後來成為豐田汽車 (Toyota) 社長的豐田英二所提出的 「豐田式生產管理」 (TPS)，因能去除生產過程中的浪費而聞名。從 TPS 核心原則歸納出的十四項原則中，最受矚目的就是排在第十二項的 「現地現物」。

這個原則簡單來說就是 「親臨現場查看」，也就是，若要瞭解某個狀況就直接到現場觀察。到現場蒐集事實與數據、瞭解問題的起因，這個原則與 1931 年麥可羅伊引進 P&G 的想法可謂是一脈相承。

大野耐一是歸納出 TPS 的工程師，他以帶新進員工走訪工

廠的故事而聞名。他會用粉筆在工廠的地板上畫一個圓，然後要求新進工程師站在圓裡觀察周遭。過一會他會再回來問這位新進員工看見了什麼，如果他認為這位員工觀察得不夠仔細，就會要求他站在裡頭更久。他想傳達的是，如何直接到現場瞭解狀況，找出並消除效率低落的原因。

　　這種執著在顧客和原因上、並得以進一步優化產品的方法，隨著時間流逝也自然而然傳到美國矽谷。

進入網飛擔任產品副總裁時，我曾問過 CEO 里德・哈斯廷斯 (Wilmot Reed Hastings) 想留下什麼東西作為他的遺產，而他回答我「顧客科學」(Customer Science)。

他補充說明：「像賈伯斯 (Steve Jobs) 這種領導人，他們能夠感覺到顧客想要的是什麼，但是我沒有這種能力，我們需要用科學的方式來靠近顧客。」[10]

　　2005 年開始主責網飛產品的吉布森・比爾德 (Gibson Biddle) 透過文章訴說了這則軼事。自草創時期，網飛就以執著於分析顧客相關數據、並能從中得出結論而聞名。

---

[10] Gibson Biddle (Apr. 18, 2018). How Netflix's Customer Obsession Created Customer Obsession. https://gibsonbiddle.medium.com/customer-obsession-8f1689df60ad

舉例來說，原本網飛在每部電影或電視節目上，都用以五顆星為滿分的星星作為評價機制；而他們之所以要引進這個評價機制，是假設當顧客看到愈多高評價的優質內容，使用服務的時間就會愈長。但是實際實驗的結果發現，即使推薦高評價的內容，顧客停留的時間也不會變長。

所以網飛就果斷地拋棄了五顆星評分制，用單純只有「讚」與「不好」的圖標取而代之。此外，它不是顯示每個內容的評分，而是顯示它們與顧客個人偏好的相似程度（百分比）。於是顧客開始評價更多的內容，最後使網飛可以推薦更適合每個顧客的內容。網飛用數據證實了，某個人給這部電影五顆星的評價，並不代表我就一定會喜歡這部電影，別人給三顆星也不代表我就不會喜歡。

網飛為了提供顧客更適合的內容而持續付諸努力，連細節都不放過。網飛會根據不同內容，推播好幾種不同的封面照片給顧客。舉例來說，目前正在韓國上映的《怪奇物語》(Stranger Things) 系列至少有九張可呈現給不同顧客的封面照片，網飛透過演算法掌握顧客的偏好類型後，推播會吸引個別顧客的圖片，以提高內容消費的機率[11]。

---

[11] Netflix Technology Blog (Dec. 08, 2017). Artwork Personalization at Netflix. https://netflixtechblog.com/artwork-personalization-c589f074ad76

假如網飛希望讓顧客觀看 1997 年上映的電影《心靈捕手》(*Good Will Hunting*)，該如何推播封面照片？如果特定顧客這段時間喜歡看愛情片，為了吸引這位顧客的關注，就會推播麥特‧戴蒙 (Matt Damon) 與蜜妮‧卓芙 (Minnie Driver) 待在一起的場景。假如另一個顧客這段時間喜歡看喜劇片，網飛就會推播喜劇演員羅賓‧威廉斯 (Robin Williams) 微笑的封面照片給他。

網飛不論何時、何地都在思考著如何組合這些封面照片。是應該等顧客看完電影的時候推播？還是在顧客什麼都沒看，還在選片階段的時候推播？應該要在畫面最上方以橫幅的形式推播？還是要在下方分類推薦裡推播？網飛反覆思考，透過分析用戶實際行為的數據，高度發展演算法。

但是網飛最終還是體認到，他們必須優化顧客體驗。假如他們只是推播了可以吸引顧客的圖片，但是這位顧客並不喜歡這部片的內容，他日後就不會再相信網飛的推薦了。所以說，即便網飛準備了各式各樣的封面照片，仍然要思考並挑選出實際可以代表該內容的部分，因為單純提升點擊數並非網飛所追求的目的。這所有的開發與實驗過程，都要由像 PO 這樣的產品負責人來主導並制定原則。

另一個非常執著於顧客體驗的企業是亞馬遜公司。亞馬遜創辦人傑夫‧貝佐斯 (Jeff Bezos) 在 2016 年給投資人的信上寫下：

過去 18 年來，我對亞馬遜有以下三個重點看法——顧客至上、發明、保持耐心，多虧它們，我們才得以功成名就。其中最重要的一點，就是把注意力放在顧客身上。

貝佐斯指出成功的原則，就是傾聽顧客的聲音，思考要如何製作出每位顧客期望的產品。感謝深受影響且過去任職於亞馬遜、甲骨文、谷歌的 Coupang 同事，也讓我養成了專注在顧客之上的習慣。

「史蒂芬，你看一下這個。」

「我們真的走了那麼遠嗎？」

「對，我們就像是走樓梯爬上樂天世界塔的頂樓了。」

「真的辛苦了。」

「離開之前，我想再給你看個地方。距離火車出發還有一點時間吧？」

2019 年 4 月，我重新回到 Coupang，跟負責火箭配送演算法的數據科學團隊一起合作。剛進公司沒多久，我就覺得應該要到現場看看，我認為如果沒有實際看到配送執行的現場，我就無法做出正確的產品。我也想親自聽聽看會受到演算法影響的間接顧客——Coupang Man[12] 的想法。

我立刻瞭解到，韓國地形組成非常多樣化。商業大樓、華

廈、個人住宅林立的江南地區，與僅有零星居住區的永宗島地區，環境非常不同。光是首爾地區，新建的大樓裡除了有超高速電梯以外，還有可以保護居民遠離天氣變化的寬敞地下停車場，但是老社區裡也許沒有電梯，或者需要在路邊停車。

　　為了親自見證韓國各式各樣的現場，我選擇拜訪配送難度最高的慶南地區。我在那裡停留了幾天，去各種現場與 Coupang Man 一起配送。我親自去提貨，不斷測量與記錄 Coupang Man 配送一個地址要爬多少樓梯、要花費幾分鐘的時間，甚至還測量了樓梯的傾斜程度。一整天配送下來，Coupang Man 的智慧手錶上顯示，我們走的步伐幾乎和走樓梯爬上樂天世界塔一樣多。

　　但是那位 Coupang Man 幾乎沒有露出任何希望今天快點結束的神情，反而拉著我再移動到另一個地方，一一說明了各個配送現場的特性，也指出了不方便的地方。他沒有一絲一毫的倦意，反而好像因為感受到有人在傾聽自己的聲音，為此興奮不已。我把他的說明全部寫在筆記本上後，才重新回到首爾，以便在決定開發方向時，能回想我在現場學到的東西。

　　PO 必須履行的重要義務之一，就是注重顧客。有現場去

---

12 編註：Coupang Man 是 Coupang 自家的配送人員，除了標榜 24 小時內快速送達商品外，也以提供貼心、禮貌的服務為其特色。

現場、有工廠去工廠、有賣場去賣場，甚至單純只是去客服中心站在旁邊聽電話內容也會帶來幫助；接著再分析並瞭解個別顧客認為什麼東西不好用、期望有什麼樣的體驗。

亞馬遜公司旗下的線上鞋子購物中心薩波斯 (Zappos) 有個著名的案例，員工只要聽到電話後面傳來孩童哭聲，便免費寄送一條孩童專用的毯子給客人[13]。為了帶給顧客感動，我們必須對每一件事都保持高度警覺並集中精神；瞭解顧客就會產生觀察力，以此為基礎提供顧客更好的體驗（服務）。

執著於顧客，這個被 P&G、惠普、豐田、網飛、亞馬遜等公司活用的原則，一直都會是最重要的核心，而首要執行這個原則的人就是 PO。PO 必須專注在顧客之上，並提供最好的使用體驗。

而且 PO 還不能止步於此，也要將注重顧客的思考方式傳播給周遭的同事；讓每個人不單純只是開發和提出設計方案，還能充分認識到自己可以帶給顧客多少感動，也是 PO 的責任之一。在所有人都能專注在顧客身上之前，PO 必須負責親臨現場體驗，將資訊分享給所有人。

---

[13] Blake Morgan (Feb. 15, 2018). The 10 Most Customer-Obsessed Companies in 2018. https://www.forbes.com/sites/blakemorgan/2018/02/15/the-10-most-customer-obsessed-companies-in-2018/?sh=37eea3276ba1

實戰 TIP_01

成為 PO 必備的資質

想成為 PO 必須考慮的三點大致如下：

1. 學歷與主修
2. 工作經驗
3. 興趣與能力

這當中，比起學歷和經驗，絕對不可或缺的是興趣與能力，因為它們難以判斷有無，也難以被量化，所以我稱之為「軟實力」。如果想要跳槽到有工作經驗需求的崗位，當然工作經驗就很重要，但是對於想成為 PO 的新鮮人或轉職人士來說，軟實力就很重要了。

1. 學歷與主修

・由於 PO 一定要跟開發團隊合作，如果主修計算機工程相關的科系會有所助益

・國內外也有很多主修心理學、經濟學、政治學、經營學、設計、法律等專業的 PO

・有很多沒讀完四年大學，但到新加坡、韓國、中國等地累積

經驗的 PO

- 很多企業會雇用從 MBA 畢業的 PO，但 MBA 並非必要條件
- 比起特定的學歷或主修，最重要的是培養有邏輯的思考方式

2. 工作經驗

- 對於新鮮人或轉職者，具有從頭到尾參與專案開發的經驗會很有幫助
- 具有可以從簡單的想法開始計劃、設計、開發、發行的新創公司經歷也很不錯
- 必須要可以回答出「為什麼開始」、「過程中如何做決策」、「如何透過數值判斷成功與否」等問題
- 對於有工作經驗需求的崗位，必須要有身為 PO 直接從頭到尾參與專案的經驗
- 不要把團隊一起執行的專案包裝成好像是自己一手包辦的
- 必須要證明自己具體負責過哪些業務、可以使用具有系統化的思考方式進行深度分析，以及透過什麼數據做出理性判斷
- 必須明確瞭解自己所做的決策會對顧客造成什麼樣的影響

3. 興趣與能力

- 必須具有以理性量化、根據原則進行判斷的邏輯思維方式
- 具備執著挖掘各種資訊，並從中得出深刻見解的分析能力

- 具備知道在多個待辦事項中應該先處理哪一項，可以決定出優先順序的宏觀視角
- 具備可以明確指出各職位之間的共同目標，以及整理出具體需求事項的溝通能力
- 具備設計素養也有所幫助，可以從使用者的觀點判斷出哪一個草案最具效益
- 要有一旦開始一份工作就要走到最後的推動力，同時也必須具備可以承認失敗並快速放棄的魄力
- 要判斷產品的目標顧客是誰，並具有執著於提供顧客最佳使用體驗的毅力

第 **2** 章

顧客反饋要聽到哪個
程度？

顧客不是購買產品，
而是雇用產品

「奶昔的故事大家都聽過吧？如果沒聽過的話，建議各位立刻找來閱讀。」

PO、工程師與設計師齊聚一堂的場合上，經營團隊問了這個問題。我個人已經聽過好幾次奶昔的故事，基本上可以倒背如流。當你意會到這個故事核心的瞬間，它將會顛覆你對於產品製作的看法，因此奶昔的故事曾一度成為 Coupang 裡大家熱議的話題。

我高中畢業前就開始創業，在這之後我製作過非常多產品，其中我最常聽到的一個字彙就是「市場分析」。跟我一起創業的夥伴、投資人、工程師，甚至連我的父親都會問我有沒有做好市場分析。通常我們會依照產品種類分類市場，也會把同一個產品群依照價格做分類，或者是按照目標客群的性別、年紀、

居住地、經濟能力等進行分類。接著再定位即將推出的產品和服務，預測產品是否可以熱銷。

對我來說這樣的分析有些牽強附會。住在繁雜都市裡的 25 到 30 歲高學歷女性，難道都過著一樣的人生嗎？她們需要的服務會一樣嗎？我認為市場分析可能在某個程度上可以佐證，但我相信它絕對無法判斷未來要推出的產品是否能夠成功。

2020 年辭世的哈佛商學院教授克萊頓‧克里斯坦森 (Clayton M. Christensen) 提出的實驗和理論也證實了我這個想法，將奶昔的故事發揚光大的也是他。他認為每年都有 3 萬個以上的新產品推出，但其中 95% 都失敗的原因，就是因為市場分析錯誤所導致，因而對此提出了嶄新的觀點。

「克里斯坦森教授認為，顧客購買產品時一個很簡單的原理就是『他們有想解決的事情』(Job)，（如果可以理解這個原理）公司就可以有效製作出真的能夠吸引顧客購買的產品。」[1]

克里斯坦森教授 2011 年接受 《哈佛商學院實用知識》(HBS Working Knowledge) 訪問時說道，當顧客有一件要解決的

---

[1] Carmen Nobel (Feb. 14, 2011). Clay Christensen's Milkshake Marketing. *HBS Working Knowledge*. https://hbswk.hbs.edu/item/clay-christensens-milkshake-marketing

事情時，他們就會去「雇用」（購買）對這件事有幫助的產品。

> 「抱持著解決事情的觀點，就可以看穿顧客的表面，觀察他每天的行為，不斷思考『他為什麼會這樣做？』」。

　　我們必須從單純只是購買的思維中跳脫，思考顧客為了解決什麼問題而雇用了什麼樣的產品。把所有的產品和服務都視為是受雇的員工，就可以從中瞭解它們分別要為顧客做什麼工作，而這點就是產品傳達給顧客的實際價值。

　　克里斯坦森教授的某位同事曾受到美國速食品牌業者的委託，他們希望可以增加奶昔的銷售量。當時該企業的行銷部門，已經把奶昔按照產品特性做區分，並完成了自家公司顧客群最理想的奶昔口味調查。從這項調查中獲得的答案雖然使產品獲得改善，但銷售量卻沒有增加。

　　克里斯坦森教授的同事到速食店的分店花了一整天的時間觀察顧客，目的就是確認顧客是為了解決什麼事情而雇用了奶昔。他記錄誰買了奶昔、什麼時候買了奶昔、有沒有當下立刻喝奶昔，結果發現一整天中 40% 左右的奶昔是以外帶的形式銷售給上午要去公司上班的上班族們。

　　隔天他直接訪問了購買奶昔的顧客，發現他們都是因為共

同的目的而雇用了奶昔。美國的上班族大部分要長途跋涉，他們在煩悶的上班途中，雇用一杯可以拿在手上飲用的產品。由於他們要開車，不方便吃貝果或是甜甜圈，香蕉這類的食物又太快就吃完了，但是奶昔的濃度恰到好處，用吸管吸的時候帶有濃稠的感覺，讓他們在抵達公司之前不會感到無聊。一大早肚子雖然還不餓，但到公司的時候可能會有點餓，奶昔就成為了最佳人選。特別是上班途中因為時間緊迫，所以選擇「雇用」速食餐廳的奶昔以節省時間。

其餘的奶昔，主要銷售時間為下午。這個時間段的顧客是為了替放學的子女準備特別的點心而雇用奶昔。但是他們與上午的上班族不同，父母很難有時間等子女們花 30 分鐘以上用吸管喝完奶昔，所以他們會想雇用質地較滑順的奶昔。

我製作產品前或是每一季的時候，都會撰寫一份文件，在亞馬遜公司和 Coupang 裡稱之為「六頁式報告」(6-Pager)，也就是要在六頁以內，記錄下該產品的核心內容；要盡可能簡潔並完整敘述產品的目的為何、過去做過哪些相關試驗、有沒有哪些失敗案例、未來的開發方向為何、有沒有運用哪些數據確認過這項產品成功的可能性等。這份文件除了工程師以外，要隨時隨地準備好分享給公司管理層以及其他相關部門；也要跟管理層討論，透過反饋優化文件，確認後再開始著手進行開發。

關於六頁式報告，後續我還會再進行說明。

在六頁式報告裡，我們認為最重要的地方，大部分會記錄在第一頁，我稱之為「為了顧客我們要做什麼事？」。這個部分我會以條列的形式撰寫顧客雇用該產品的原因。對於看似不重要的地方，我仍然會對每個遣辭用句錙銖必較，我之所以不斷反覆修改，就是因為在產品開始開發之前，PO 必須要完整理解顧客究竟是為了解決什麼事情才雇用此產品。如此一來，在產品正式推出到顧客面前之前，所有人才能從同一個觀點出發、發表意見。

如果要針對奶昔撰寫六頁式報告的話，我會寫出以下要點：

1. 當顧客想找份食物緩解長時間的無聊與飢餓，便會雇用濃稠的奶昔。
2. 當顧客想找份點心零食的時候，就會雇用濃度相對較稀、可以快速飲用的奶昔。

從奶昔的案例我們就能得知，大多數情況下顧客雇用相同產品的原因都不止一種。所以說，把雇用的原因條列出來，整理成三到五點的話，會比較便於理解。列表中的第一點是最主要的雇用原因，愈往下愈屬於附屬原因。

　　整理出顧客為什麼雇用奶昔，就可以輕鬆釐清以後要提供什麼形式的奶昔。相較於對少數顧客進行問卷調查，並以此為基礎製作產品，這麼做有更高的機率使銷售量增加。將產品或服務視為受雇方進行分析，會意外發現能夠更輕鬆瞭解顧客為什麼雇用這項產品。

　　那麼我們應該如何分類競爭對手的產品與服務呢？光是從奶昔案例來說，奶昔本身就有許多的競爭對手。實際上，顧客並不是只考慮了咖啡等其他飲品，而是比較了貝果、甜甜圈、香蕉、巧克力等各種食品後，才選擇雇用奶昔作為解決問題的人選。如果你想要立刻奪走上午時段的奶昔銷售量，就必須推出一個可以長時間飲用、給予適當飽足感，且可以輕易取得的產品。

　　當今這個時代，替代的產品與服務也可能來自於完全不同的產品類別。因為現在替顧客解決問題的產品太多，接觸顧客的通路也變得更加多元。

「人們問我，大都會藝術博物館 (Metropolitan Museum of Art, The Met) 最大的競爭對手是誰？是現代藝術博物館 (Museum of Modern Art, MoMA) 嗎？還是古根漢美術館 (Solomon R. Guggenheim Museum)？我們的競爭對手，是網飛還有 Candy

Crush。這就是 2016 年的生活現況。」 [2]

　　紐約大都會藝術博物館的數位長斯雷納斯・斯雷尼瓦桑 (Sreenath Sreenivasan) 在《快公司》(*Fast Company*) 雜誌的訪談中說道。他強調，來訪大都會藝術博物館的顧客都改在家裡看網飛，或是玩 Candy Crush 這類的遊戲打發時間，所以美術館必須找到讓他們來訪美術館的方法。他還說，必須要讓顧客瞭解美術館裡擁有五千年歷史，還有符合每位顧客喜好的作品。

　　顧客雇用紐約大都會博物館的原因有百百種，平日有學生或團體觀光客來訪、週末有為了陪伴家人而來訪的顧客，也會有為了看特定展覽會而特意擠出時間來訪的顧客，每一位顧客雇用紐約大都會博物館的原因都不一樣。所以我們必須問這些顧客，為什麼有了網飛和 Candy Crush，他們還是願意拜訪紐約大都會博物館。

　　就像紐約大都會博物館的案例一樣，時代變遷可能會出現完全不同形式的替代性競爭產品或服務。雖然還沒成熟，但以美國來說，特斯拉 (Tesla) 的電動汽車銷售量正出現增加的趨

[2] John Paul Titlow (Feb. 29, 2016). How A 145-Year-Old Art Museum Stays Relevant In The Smartphone Age. *Fast Company*. https://www.fastcompany.com/3057236/how-a-145-year-old-art-museum-stays-relevant-in-the-smartphone-age

勢，他們銷售的電動汽車有輔助駕駛系統、且具備可隨時隨地完全自動駕駛的硬體設備。如果未來能實現完全自動駕駛，上班族們不需要開車，而是可以透過車子內裝的螢幕收看 YouTube 或網飛，那麼他們就沒必要特別繞去速食餐廳買奶昔了，因為未來的顧客為了排解無聊，可能不會雇用奶昔，而是雇用網飛。

PO 在進行產品企劃或決定開發方向的時候，必須要思考顧客為什麼要雇用這個產品。透過問卷調查或過去的數據來預測市場需求，對 PO 而言是不適切的方式。PO 要做的是瞭解眼前的顧客正在雇用什麼產品，並分析出他們為什麼選擇這個產品。

就像紐約大都會藝術博物館把網飛和 Candy Crush 當成競爭對手一樣，要考慮所有可以被自己負責產品的顧客作為替代品所雇用的產品，因為你的競爭對手，可能不僅止於你眼前可見、廣為人知的產品。

顧客總是被需要解決的問題給包圍著，準備要雇用可以為他解決問題的產品和服務。PO 要製作出顧客願意欣然雇用的產品，並且持續優化。

每項服務都有著各式各樣的使用者

「你們公司製作的產品可以為哪些顧客提供什麼樣的價值？我很好奇你們的目標是什麼？」

「我們真的做了很多功能，有聊天室、也提供虛擬人物，還加了遊戲的功能。」

「你列出很多項功能，但我想聽你說說看這些功能是提供給哪些顧客的？為什麼要提供給他們？或者說你是怎麼分類顧客的？」

「我當然會看可以體現出每天使用人數的 DAU (Daily Active User) 和計算每個月使用人數的 MAU (Monthly Active User)。」

我在面試一位 PO 面試者的過程中，出於好奇他如何觀察顧客，所以問了他上述的問題。但是我所得到的回答，卻不是基於對顧客真正的瞭解。

在前面提到的奶昔案例中，克里斯坦森教授解釋奶昔至少存在著兩種不同的顧客類型，其中一種是早上通勤時需要一杯飲料來排解無聊的顧客；另一種是買點心給放學子女的顧客。為了他們各自的需求，速食業者需要準備的產品便有點差異，雖然同樣都是奶昔，但是為了滿足他們，就需要不同的濃度與口味。

所以說，一項推出到顧客面前的服務，也一定有著各種不同類型的顧客。PO 的訴求是竭盡所能有效利用有限的時間和開發資源，讓產品盡可能被最多使用者雇用，因此 PO 必須知道，每位消費者都是不一樣的。

舉電商交易服務為例，光 2018 年 12 月一個月的時間，訪問亞馬遜的訪客數量超過兩億人[3]。2019 年 1 月加入亞馬遜 Prime 服務的顧客數量就約有一億人[4]。那麼我們該如何區分訪問亞馬遜的顧客類型呢？應該要分成偶爾訪問或是經常訪問的顧客，還是按日或按月訪問次數來區分才正確？或者應該以性別、年齡或地區做分類呢？

---

3 數據引用自 statista 網站：https://www.statista.com/statistics/271450/monthly-unique -visitors-to-us-retail-websites

4 Don Reisinger (Jan. 17, 2019). Amazon Prime Has More Than 100 Million U.S. Subscribers. *Fortune*. https://fortune.com/2019/01/17/amazon-prime-subscribers

　　用如此表面的資訊做區分，並無法幫助我們瞭解這幾億名顧客為什麼要雇用亞馬遜的服務。假設有數千萬名顧客每天都至少會拜訪一次亞馬遜，他們難道會以相同的原因雇用亞馬遜嗎？應該不是吧，就像通勤的美國人早上會到速食餐廳雇用奶昔的原因都不一樣。如果想瞭解大量顧客的意圖，就必須要站在顧客的觀點出發。

　　假設我們親自使用亞馬遜的服務，或即使不是亞馬遜，也可想想自己使用的其他電商平台服務。為什麼我會使用這個手機 APP ？ 有時是因為有一定要買到的商品 ， 所以才打開這個 APP，比如限定在美國銷售的薄荷快要用完的時候，我就會拜訪亞馬遜；有時我會毫無理由地打開亞馬遜，沒有任何理由而只是習慣性進去逛逛的情況也一定存在。不管我們是一天打開好幾次，還是半年才進去一次，都因為我們各自有著需要雇用亞馬遜這類電商交易企業的理由。

　　如果以亞馬遜來舉例的話，雇用電商交易服務的顧客可以大致區分成三種：

1. **擁有具體意圖的顧客** (Intent-Based Customer)：這類顧客明確知道自己是為了購買哪一種商品而雇用此服務，這種類型的人清楚知道自己要購買什麼。如果顧客是為了幫孩子購買特

定品牌的尿布而使用電商交易服務的話，就屬於有目的性的顧客。

2. **有目的但還需要探索的顧客** (Intent-Discovery Customer)：大致上知道要購買什麼樣的商品類別，但是還無法決定具體商品的顧客。這種類型的顧客會比較各種同性質的商品後再決定要買哪一種。想幫孩子買玩具，但是不知道要買哪個牌子，或是想吃蘋果但不知道要選哪一個品種放進購物車的話，就代表他是具有目的但需要進一步探索的顧客。

3. **想要探索的顧客** (Pure-Discovery Customer)：沒有具體目的而進來的顧客，逛一逛看到心儀的東西可能會購買。這種類型的顧客會瀏覽各種商品，瞭解新產品或趨勢。如果是來看衣服、鞋子或者餅乾等商品類別中最近哪一項比較受歡迎，就屬於想要探索型的顧客。

假設目前有這三種類型的顧客，我們可以預測他們分別為什麼使用亞馬遜這類的服務，反之，主責服務的 PO 也可以決定要為顧客提供什麼樣的體驗、更明確地公開什麼樣的資訊。

面對有具體目的的顧客，當他開始使用服務時，推薦他經常購買或是最近剛購買的商品最為有效。如果顧客一如預期地直接進入商品頁面，就不必優先顯示商品資訊或其他顧客所寫

的商品評價。而是要經過各種試驗，讓顧客可以用最快的速度看見價格，並且引導他將商品放入購物車，或讓他立即購買。

面對有目的但還需要探索的顧客，他們不會直接進入特定商品頁面，而是會使用關鍵字或從商品目錄查詢。假設顧客搜尋了「玩具」二字，在數十萬種商品中，我們應該要先顯示哪種商品？主責 PO 就必須考慮該顧客的相關資訊，推薦最能滿足顧客的商品。

- 玩具是為了誰買的？
- 以前有購買過玩具嗎？
- 如果沒有買過的話，有買過其他商品嗎？
- 如果這位顧客去年曾買過好幾套 5 歲男童衣物，那麼今年他的孩子是否大概 6 歲？
- 顧客可以直接從寫好的商品評價中獲得有用的資訊嗎？
- 子女的年紀或顏色喜好等，可以從文字探勘（Text Mining，從文字數據中找出嶄新且具有價值的資訊）中看出來嗎？
- 跟這位顧客具有相似消費模式的其他顧客當中，有買過玩具的人嗎？
- 這位顧客對於購買的玩具滿意度高嗎？
- 他給商品評價多少分呢？

‧如果把同一商品搜尋的結果顯示在最上方，該名顧客會進入
　商品頁面嗎？

　　站在 PO 的立場，我們可以提出的問題數都數不清。我們
必須幫助顧客在最短的時間內找到能夠滿足他的商品。假設搜
尋結果頁上顯示了各式各樣的商品，PO 要幫助顧客在最快的
時間內判斷出各個商品的優缺點，那麼要明確顯示價格嗎？還
是要讓顧客可以輕鬆找到其他顧客所撰寫的商品評價？ PO 要
不斷分析並優化使用體驗，思考如何呈現相關資訊才能夠幫助
顧客下定決心購買。

　　根據實際使用體驗進行顧客分類後，接著思考他們是為了
解決什麼事情才雇用這項服務，就能夠更輕鬆地改善使用體驗。
即便顧客增加至數千萬甚至數億人，這個方法仍然很有效。如
果單純只依照整體顧客的性別及年齡層，或是平均購買金額等
資訊進行分類，並無法製作出值得被顧客雇用的服務，這類的
資訊作為輔助使用就好。瞭解顧客本質上具有什麼意圖再進行
分類，才能夠抓到優化服務的方向。

　　PO 最容易犯下的錯誤之一，就是以產品製作人的角度看
待顧客。這麼做可能會使 PO 在無意識之下，按照自己想做的
方向進行數據分析和決策。 PO 絕對不能按照自己的直覺或喜

好下決策。在完全掌握顧客分析方式之前，PO 最好不斷重複使用自己負責的產品。

沒有什麼方法能勝過於自己化身為顧客親自使用產品，雖然這麼做非常消耗時間和精力。我在成為 Coupang 商品評價的 PO 後，還曾經拿到只發給數千萬顧客中前幾百名評論最多的勳章。我站在顧客的立場購買自己需要的商品，誠實地留下了商品評價。為了獲得其他顧客的共鳴，我所寫的內容主要是我購買商品時會好奇的地方。正因為我親自當過顧客，才得以細分出所有寫商品評價的顧客種類。

我轉職到 Korbit 的時候也一樣，在員工禁止交易的政策推出之前，我只要有空就會登入系統做交易。我也經常使用 Upbit [5]、幣安 (Binance) 等其他加密貨幣交易平台。我很常凌晨不睡覺埋首苦幹，為的不是獲利，而是要站在用戶的觀點瞭解他們會因為什麼原因而選擇這家交易平台，以這些經驗為基礎，才得以嘗試著分類顧客群。

我希望身為 PO 的各位，都可以記得同樣的產品會擁有各式各樣不同的顧客，要從這些不一樣當中找出相同的意圖，對顧客進行分類，瞭解他們各自雇用這項產品的原因，再根據原

---

[5] 編註：Upbit 為南韓最大加密貨幣交易所之一。

因優化產品。我認為 PO 如果可以做好顧客分類就等同於成功了一半，因為我們必須瞭解所有的顧客，才可以完整地做好分類。分類完之後就只要專注在如何優化產品就行了。

你無法滿足所有人

「這個明顯就是 Low Hanging Fruit！怎麼會行不通？」

這位曾經是我同事的 PO，在邀請其他 PO 協助他的過程中不斷遭受拒絕，他問說，明明只要做一個簡單的圖標就可以讓數值上漲，為什麼不能幫他？

身為 PO 經常使用和聽到 Low Hanging Fruit 這個詞彙，直譯的話指「掛在低處的果實」，意味著不需要努力就唾手可得的意思。

因為開發的資源有限，下定決心要提供給顧客最佳體驗的 PO，需要解決的最大難題之一就是決定開發的優先順序。工程師、設計師、數據科學師的數量並非毫無限制，特別是新創公司或重視效率的企業，人力資源愈不豐沛。

另外，開發的時間也並不充裕。就算人力資源不夠，也不能夠為了開發一個功能就投資好幾個月，這樣會使後續的開發

也跟著延期。如果想提供給顧客更好的使用體驗，就必須有效率地完成。把開發時間拉長，並非妥適的選擇。

PO 必須要持續觀察如何以最容易、最簡單的方式修正問題，以便提供給顧客最好的優化體驗。沒有任何方法比用最少的努力做出最好的成果更能有效利用資源。當然 PO 也要推動大規模的產品，但仍然要持續努力找出藏在各處、需要被高效優化的地方。若能持續練習，就能發現不管任何產品中都有摘取低處果實般的輕鬆解決方案。

「史蒂芬，顧客反映這個不太好用，希望可以修正，可以做到嗎？」

「有幾位顧客反映不好用？我可以瞭解一下這位顧客是什麼時候加入會員、最近一週的交易量有多少嗎？」

「我再幫你查看看。」

「謝謝。如果以後可以一併告訴我，同一個案件上有幾位顧客反映不好使用的話，對我來說會非常有幫助的。」

Korbit 會定期和負責對應顧客的員工開會。雖然系統每天早上都會自動擷取客訴信件，我們會對其進行檢討；但是，透過電話受理的客訴內容，就必須由客服中心額外整理後提供給我們。

瞭解客訴後進行改善雖然是 PO 的責任，但因為資源有限，

我們無法聽取所有顧客的意見，所以我習慣確認該問題會對多少顧客造成影響。一百人裡面有五人要求改善，與五十個人都感到使用不便的兩個方案，肯定要先解決後者。雖然這聽起來很理所當然，但若不強制要求對方提供資訊、確認這項數值的話，PO 很可能犯下在不必要的地方投入資源的失誤。

當然有時候也會發生一兩名狂熱的顧客比較快發現使用上的不便，提出了改善的建議，但是這種情況沒有想像中常見。這種時候可以先等待一兩天，綜合其他顧客的意見再進行判斷，確認其他顧客有沒有類似的使用經驗。若是急需被改善的案件，主要指標或顧客中心受理的顧客意見數量將會明顯產生變化。

我在 Korbit 任職時，曾經有過一次不知道該為哪一種顧客群優先進行開發的經驗。基於加密貨幣交易平台的特性，平台需要 24 小時接待顧客。為了用韓元交易加密貨幣，顧客必須將自己的資產交給交易平台，少則存放幾萬元，多的話必須交付數以萬計的資產。然而，有著不同資產規模與交易頻率的顧客，交易要求會截然不同。

以小型新創公司起家的 Korbit，交易量一口氣躍升到世界前 10 名左右，雖然 Korbit 被公認有 1,500 億韓元的價值，但是員工數量卻沒有隨之快速增加。在工程師非常有限的狀況下，我不得不考慮兩大開發方向：

· **以較少的資源改善散戶的使用經驗：**

大部分顧客都隸屬於這個分類。Korbit 的顧客中，有 80% 都是登入網頁自行判斷進行交易的散戶。我進入 Korbit 時，公司還沒有手機 APP，因此他們主要透過手機瀏覽器登入。由於不是 APP，畫面有時候會歪掉，當然也沒有告知成交明細的通知功能。此外，除了比特幣，顧客還希望平台可以上市以太幣 (Ether)、瑞波幣 (Ripple)、達世幣 (Dash) 等其他種類的加密貨幣。

為了散戶們，我們必須改善系統，製作安卓和 iOS 上可以使用的手機 APP、改善網頁介面，並且讓更多加密貨幣上市。

· **為投資大量資產並追求快速交易的優質交易戶進行速度優化：**

少數顧客會投入大量資產，利用演算法或系統決定的方式自動交易，對他們而言，手機 APP 並非必要。他們需要的是更精密的圖表與專業的介面。他們也不像散戶一樣想要多元化的競爭幣 (Altcoin)，只要平台上有市場價值較高的幾種加密貨幣就行了。

優質交易戶希望可以瞬間下單，因此想要快速的 API (Application Programming Interface) 串接。為了加快交易速度，他們要求優化匹配引擎，並且為了能在主帳戶下分配資

產、區分交易，他們還需要子帳戶的功能。他們所需要的是快速與正確。

　　要在顧客中具有壓倒性占比的散戶、及人數雖少但占有大部分交易量的優質交易戶中做選擇，幾乎是不可能的任務。不管是只存在散戶或是優質交易戶，都是不現實的狀況，這兩者必須共存，交易才能活躍地進行。

　　在這種情況下，我偏好假設極端的狀況再做出決策。我問自己：「如果必須要在散戶和優質交易戶中擇一的話，我會選擇哪一方？」在優先順序難以決策時，這樣的問題非常有幫助，因為這麼做可以強迫我在腦海裡想像任一方消失時對產品所造成的影響。

　　最後我決定選擇散戶，原因如下：

· 優質交易戶並非無法正常使用，雖然優化速度會有所幫助，但目前也還是可以交易
· 我們很難確保每個散戶都能留下，如果散戶離開平台，要重新找回他們必須投入更多費用
· 如果平台上幾乎沒有散戶，優質交易戶也會一起跟著離開
· 散戶的使用「經驗」不佳，而 Korbit 跟其他競爭對手不同，

沒有手機 APP 對公司發展而言是很大的制約

‧即便加密貨幣數量增加,也不會對優質交易戶造成任何傷害,但如果數量不足,散戶就會轉移至其他平台

　　跟內部討論後,我們將開發資源投入在改善散戶的使用經驗上。當然,其他開發小組也同時為了優質交易戶著手優化匹配引擎。我們首先把目標放在手機 APP 與優化網頁上,最後我們成功完成 Korbit 創業以來第一次的大規模網頁介面改版,並推出兩款手機 APP;還透過改善系統,讓加密貨幣可以隨時輕鬆上市,Korbit 因而得以在短時間內上市多種競爭幣。

　　PO 要隨時決定好優先順序。有時,我們一眼就能明白應該先做哪件事,但有時候,我們也要暫時保留部分顧客的需求。PO 要思考如何利用有限資源,而讓效果最大化;要用邏輯計算投入多少功夫可以產生多大的力道,因為 PO 肩負著要做出最佳決策的責任。

定義好原則，
用六頁式報告留存紀錄

「史蒂芬，登入的程序中，有兩種擷取必要資訊的方式，我認為這兩種各有優缺點。你可以看一下，然後給我一點意見嗎？」

「當然，我先看一下。」

「謝謝。」

「第二種方式才能滿足我們為這項產品所定義的五大原則中最重要的第一條與第二條。第二種方式的缺點，透過改善 UX 就可以解決，所以我認為選擇第二種方式比較好。」

技術經理對於新開發服務中的細節苦惱了很久，邀請我跟他一起討論有沒有其他對策。我看了現有的方式和新提案的方式，基於我們之前共同合意過的原則，向他提出了建議。

PO 的大腦總是要進行複雜的思考。顧客的要求五花八門，但是資源卻是有限的。發生錯誤時，你必須說服開發者們改變

開發優先順序。當上司問問題的時候，你要給予正確的回答，還要隨時隨地確認數據。面對接踵而來的要求，你可能會因為不知道該從哪裡先開始處理而感到徬徨。當開發者與其他相關部門問起優先順序是如何被決定的時候，你也要盡可能有邏輯地給予答覆。

所以我們需要「原則」。做決定時，有個隨時可以當作依據的規範將大有助益，不僅在 PO 要自行下決策時可以作為參考，在跟別人討論時，或想要支持自己的觀點時，都很有用。就像國家或社會依照法律或社會規範追究錯誤一樣，在製作產品時，如果定義好原則，就能夠從複雜的狀況中脫身而出。

我在撰寫六頁式報告的時候，除了顧客分類，下最多功夫的地方就是原則。我把這個部分稱為「指導原則」(Guiding Principle)，主要會條列出四到六條原則，這就像是開發或營運這項產品的時候，我們必須遵守的規範。第一條是最重要的原則，愈往下愈屬於附屬原則。

擬定原則的時候絕對不能馬虎，不能夠太長，要以明確的詞彙表達，且必須經過同事、上司、經營團隊等共同檢討、補充的程序。最後，決定好所有人都同意的原則後，才能著手開發。原則必須要非常準確，即便今天我所負責的產品要交接給其他 PO，也要讓這位 PO 能夠根據這些原則毫無問題地繼續開

發。所以在撰寫時，為了要完美把握住每個單字和語調，必須投入大量的心力。

我們以一個服務為例來加以說明。某間大型電影院的營運公司想要針對電影相關的影評服務進行改版。假設現在沒有觀賞過電影的人也可以留下影評，那麼影評的品質當然會下降，競爭對手也可能會刻意留下較低的評價，導致電影院的顧客再也無法相信影評。相反，如果是實際看完電影的顧客留下詳細的影評，就會對其他顧客產生極大幫助；因為參考其他顧客的意見，就可以更輕鬆地決定要看哪一部電影、瞭解這部電影適不適合自己。

假設顧客是為了選擇一部自己會滿意的電影而雇用了影評系統，那麼負責影評服務改版的 PO 就應該定義出以下原則：

1. 必須神聖看待實際看完電影的觀眾所撰寫內容的真偽與可信度。在內容公開之前要防止濫用和惡意使用，公開後也要察覺可疑的內容並將其刪除
2. 觀眾精心又詳細的影評非常珍貴，我們所開發的系統，要能優先推播詳細且相關度高的內容
3. 我們要努力建造一個內容生產者與觀眾能自主維繫、共存的社群，因此我們要提供他們能經常性協調的機制

4. 累積的影評是我們獨有的數據，只能被使用在自家的線上生態鏈內，故應限制對影評內容的訪問與貢獻

　　讓我們從第一條原則開始看起吧。其中的核心字彙是「實際看完電影的觀眾」，明確禁止為了增加影評數量，就不管顧客是否有觀賞電影都可以撰寫評價的行為；也必須防止顧客在觀賞電影前寫下期待性評論，其他顧客看了這些連電影都還沒看過就先寫下的期待性評論，究竟能獲得什麼價值呢？我們所架構的基本系統，必須要讓顧客收到票券且在電影實際播出後才能撰寫影評。

　　此外「濫用、惡意、察覺、可疑」也是關鍵字。不管系統再怎麼堅固，一定都會有濫用或留下假資訊的情況發生，我們必須建立一個可以讓這種情形發生的頻率降到最低的原則。最基本的，就是管理禁用語或防堵刺激性內容；此外，也要有能應付巧妙惡意使用系統的方法。舉例來說，電影製作公司為了降低競爭對手的電影評價，刻意大量訂購最便宜的票，播出時間一過就立刻留下大量負面評分和影評。反之，為了讓自家電影獲得比較高的評分，製作公司也可以大舉訂購價格低廉的電影票，再留下高分評價與影評。

　　系統要建立能夠察覺這種可疑行為的機制。如果是實際看

過電影的一般觀眾會有什麼行為？大部分觀眾同一部電影應該只會看一次，如果真的很喜歡這部電影，雖然也有可能看兩次以上，但並不會接二連三買好幾次票或是每天都看。正常觀眾觀看電影的時間跟購買的位置也會遵循一般分布概況，不太可能連續四天都在早鳥時段購買前面十個座位以上的票券。此外，電影播放完畢後 20 分鐘以內就留下評價的顧客應該不多，因為一般顧客在電影結束後，應該會去廁所、前往停車場，或去餐廳等，移動到電影院以外的地方。如果是一般顧客，也不會只針對特定電影留影評，而是會平均對各個製作公司拍攝的電影留言。

第一條原則可以使開發的方向更明確：

- 只有實際觀看完電影的顧客才可以撰寫影評
- 電影播放完畢後才可以撰寫影評
- 如果想針對已經寫過影評的電影再度留下影評，要引導使用者對現有的文章進行修改或添加
- 不公開票券訂購頻率異常之顧客的影評
- 對於電影結束後 20 分鐘內就留下的長篇影評，進行個別檢討
- 將只對特定製作公司的電影發表影評的顧客進行額外分類，檢討文章內容

- 察覺到非一般的內容時，要能夠隨時停止文章公開

　　第二條原則是針對大量內容中,應該要優先推播哪些內容,其核心字彙是「精心又詳細」。也就是說,不是內容很長就會被推播到最上方;如果只是用跟電影毫無相關的內容讓文章變長,這就不是一個好的內容。根據這條原則,PO 必須跟開發者們一起苦惱要如何區分出對觀眾來說有用的內容,必要時可以使用文字探勘,透過各式各樣的方式確認其他顧客認為怎樣的影評最有用後,再將該影評推播到第一個。雖然各位可能會認為這條原則很簡單,但要經由反覆思考並將其實現的話,技術上的發展也必須跟上腳步。

　　第三條原則會根據電影院營運方式不同而有所差異。針對所有撰寫好的影評,是要經過審核才會公開,還是可以自由閱讀?如果不是由經營團隊專門負責管理,就要為顧客和撰寫人準備好一套可以自我審核的方法;例如,遇到不適切的內容時,需要設有檢舉的功能。PO 應該牢記這條原則, 每次優化服務時都應該思考是否有好好遵守。

　　最後一條原則也會根據電影院的營運方針而改變。如果我們驅使顧客產出優質內容,卻讓大家也能在其他網站上看到這項資訊,那麼顧客真的會進入電影院網站或 APP 思考自己想看

哪一部電影嗎？如果這個內容可以幫助顧客做決定，以常理來說，最好就把它當成獨有資產對其進行保護。而且，只有在電影院直營的地方才能撰寫並公開這種內容，才能維繫顧客對所訪問內容的信賴。

像這樣定義好原則，在做決定的時候會很有幫助。日後在考慮要優化哪一項功能時，就可以問自己有沒有好好遵守第一條原則，假如還有不足之處，就可以投入資源妥善履行第一條原則。或者，假設事業部門正在幫特定製作公司進行宣傳，因此提議要大量增加影評時，你就可以回答：「根據我們第一條與第二條原則，只有實際觀看過電影的顧客才可以撰寫影評，確保內容優質比單純提高影評數量更重要。所以說，如果宣傳的目的只是為了提高影評數量的話，我想您可以重新考慮比較好。公開實際看過電影的顧客所撰寫的優質內容，才能夠長期獲得顧客的信賴」。

如果你身為 PO，請你一定要為自己負責的產品定義原則。如果遇到新負責的產品或新上市的產品，就要投入時間多方考慮後再決定原則；若沒有經仔細討論就決定，之後很可能會發生要改變開發方向的情況。此外，我建議每季定期檢討原則，綜合顧客與事業需求調整，才能讓開發方向更明確。當然，沒必要每季都修改原則，但一定要定期檢討；將原則維持好，就可以讓所有與 PO 合作的人們都能更容易瞭解產品。

當顧客需求與公司目標衝突時

「您希望在明年的這個時候,提供 Korbit 的顧客怎麼樣的使用體驗?」

我剛進 Korbit 時,我就問了代表理事這個問題。我想瞭解為公司下最終決策的他,腦海裡所繪製的產品藍圖究竟為何,也想瞭解從事業方面他所分析的市場現況、競爭者趨勢以及公司的成長策略。如果將公司訂定的目標記在腦海裡,就可以驗證優化產品的方向是否正確。

請恕我再次強調,PO 站在公司與顧客間的中心。雖然努力提供顧客更好的使用體驗很重要,但也不能忘記履行公司的業務。因為,只有當公司健康成長時,才有機會為顧客提供更好的使用體驗。PO 必須同時考量顧客與事業所需。

PO 不會決定公司的成長策略,也不會制定技術策略;但是,PO 也不能只站在顧客的立場,而是要綜合公司內部專家

們的意見，同時考量顧客的反饋，思考產品應該如何發展才能夠最大限度地滿足大量需求。

就像要為產品定義原則一樣，將公司目標整理成文件，也會對 PO 有所助益；決定好短期、中期、長期目標，甚至連驗證目標的數值都能定義下來的話，就會更加明確。若能同時解釋該目標的合理性，那麼公司成員也會更容易為了達成目標而共同參與。假設從 PO 的立場看來，公司或組織的目標並不顯而易見，我就會勇敢地向設定目標的負責人提出問題。

所以我轉職的時候，一定都會詢問公司的目標。我曾經在一間快速成長且具有潛力的新創公司面試時，向對方老闆說：

「謝謝您剛才針對公司目標的解說，其實我在前面的面試環節中，也問了技術人員和設計師相同問題，目的是想確認公司成員對目標的認知是否相同。」

我總是會想確認所有人對於公司目標認知是否一致。無論是要親自製作產品，或被要求優化產品，我相信所有人都應該瞭解公司的事業方向；只有這樣，大家才能共同前進。如果所有人的資訊不一，PO 可能就要出面提醒周遭團隊目標為何。

如果硬是要在顧客需求和事業需求中做選擇的話，我會選擇後者。所以我在撰寫六頁式報告時，第一句就會先明確表示這個產品在整體公司內部扮演什麼樣的角色。如果公司整體想

提供顧客最好的使用體驗，那麼作為公司一部分的產品，就應該起到相應作用。如果沒有連帶公司整體進行考量，只武斷地以顧客需求為出發點就決定開發方向，是不正確的做法。

事實上，PO 必須有效利用公司給予的資源；公司最終要追求的是利潤，所以很多公司都會設定銷售和收益目標，並制定長期成長策略。如果公司無法生存，就無法提供顧客最好的使用體驗。因此，PO 必須一直謹記公司的狀態與目標。

在某些情況下，PO 可能會有想要推動的產品，若這個產品無法符合公司當前的目標，PO 就需要說服公司改變心意。此時，PO 不能只是談論該產品能為顧客帶來什麼價值，還要詳細說明成本以及對公司帶來的影響。PO 要從公司事業的觀點出發、有條理地釐清，因為我們必須要讓公司瞭解為什麼進行這項投資。

經過討論，公司依然反對的話，PO 也要立刻接受。因為PO 不是決定公司成長策略與成本控制的角色，如果在專家判斷下，公司認為不能對特定產品進行投資，PO 就要排除這項做法；因為 PO 是負責利用公司給予的資源優化產品的人。

公司也可能決定要取消某樣產品。特別是遊戲業，常有開發到一半卻放棄投資的情況發生；像谷歌這類的大型公司裡，也可能會有以實驗為目的開發產品後中斷開發的情形。為了達

成整體目標，公司可能會犧牲特定產品，目的是更好地去分配資源並進行投資。由於 PO 也屬於公司的人力資源，此時就只要轉為負責其他產品即可。

　　PO 雖然要執著於提供顧客更好的使用體驗，但絕對不能忘記公司所訂定的方向與目標。PO 必須保持事業上的觀點，瞭解經營團隊的看法，才能在決定優先順序時作為參照。要記得，PO 不單純只是一位製作產品的人，而是被顧客與公司需要、負責製作正確產品的人。如果想持續提供顧客最好的使用體驗，公司就必須處在健康的狀態；PO 的決策若不符合公司目標，將可能造成劇烈影響。就像我們要用心傾聽顧客心聲一樣，PO 也要專注於公司所訂定的目標和意見上。倘若公司不復存在，就不可能提供顧客更好的使用體驗。

實戰 TIP_02

不要把人物誌和顧客混為一談

在調查或企劃階段，我們有時會預測購買該商品的顧客，設定「人物誌」(Persona)。

人物誌

· 假設實際使用情況所製作的人物簡介
· 可以具體設定姓名、性別、年紀和職業等
· 根據人物誌進行企劃和設計

雖然我們會假設實際顧客並設定人物誌，但是人物誌可能並不完善，理由如下：

· 可能會誤以為特定幾種人物誌就能充分代表所有顧客
· 可能會有意無意之間為了證明自己設定的人物誌是正確的，而對使用者測試 (User Testing, UT) 的結果做出偏頗的解釋
· 向開發者和相關部門解釋時，可能會有不同的主觀解釋空間

在掌握顧客是誰的時候，應該要綜合數據和使用模式，盡可能地全面考量。問自己以下幾個問題會很有幫助：

- 這個產品的使用者是誰？
- 除了個人以外，法人或團體可能會使用到這項產品嗎？
- 使用者想從產品上獲得什麼價值？
- 產品可以直接提供這項價值嗎？
- 有辦法藉由數據證明產品有無成功提供價值嗎？
- 追求相同價值的使用者可以歸納成同一個顧客群嗎？

　　如果你能理解顧客使用產品是為了追求什麼價值，就可以逐一將追求相同價值的顧客歸納為一類；當價值分類無法再進行整合時，就能得出 PO 可以納入考量的顧客類別。

第 **3** 章

如何從數據中探求
真相？

不要相信自己，
要相信數據

「史蒂芬，這裡如你所見，第二次演算法測試結果表現得更好。」

「但是第一次演算法測試和第二次演算法測試時的時間和環境不一樣啊，把這兩次演算法測試的結果放在一起比較沒有意義。我們要設立一個新的測試方式，好好地比對數據。」

我接手新產品的時候，開發團隊裡已經在進行演算法實驗了。但是做完第一次演算法實驗之後，又導入了不一樣的演算法測試方式，我便提出了這麼做無法獲得正確數據的問題。在分析之前，我們必須確保數據準確無誤。

我認為 PO 不能依賴直覺，PO 的每個決定都會造成劇烈的影響。為了盡可能保持理性判斷，PO 必須要帶著以數據為本的思考方式，用數據驗證自己的觀點和預判是否正確，並也要檢查是否有用正確的方法取得數據。

PO 可能會為了證明自己的想法是對的 ，而對數據做出錯誤的解釋。不管是有意還是無意，都不應該只將資訊扭曲以支持自己的觀點。雖然這看起來理所應當，但實際上我們常常犯下這種錯誤。在跟別人分享數據時必須要誠實，希望各位在分享數據之前都能自我檢查，問自己有沒有以偏頗的視角分析數據。

為了瞭解整體情況，要盡可能多方收集數據，千萬不能只看自己所負責產品的數據，而要寬廣且深入地閱讀顧客的資訊。PO 也必須瞭解公司的銷售額與其他產品上市的排程 ，確認自己手上即將上市的新功能是否會受其他產品影響，以排除可能的連帶影響。

舉例來說，如果今天我是一位餐飲外送 APP 目錄介面的主責 PO。顧客打開 APP 後，這個畫面會顯示韓國料理、中式料理、西式料理、披薩、甜點等各種飲食類別。假設我們把炸雞類移動到頁面最顯眼的最上方 。PO 想要證明移動分類的排序會使炸雞訂購量增加，就要透過測試來佐證，測試方法將在後面的章節進一步說明。假如我們收集到的數據顯示，移動炸雞類的位置後，上週的炸雞外送銷售量突然增加；我們可能會草率判斷，當炸雞類移動到顯眼的位置時，顧客訂購量就會增加。

但就像我先前提到的 ，為瞭解整體狀況，PO 還須觀察其

他數據。可以試著問自己以下問題來幫助釐清：

・行銷部門有沒有做炸雞相關的促銷？
・營業部門有增加炸雞的銷售據點嗎？
・上週有初伏或中伏等伏天[1]嗎？
・顧客的數量有增加嗎？

　　行銷部門可能會隨時進行發放折價券等促銷活動，如果這類資訊沒有被事先分享給公司內部所有人，就應該安排一個定期確認排程的會議，或是發送 Email 詢問。如果是因為發放折價券、使顧客優惠短時間增加，銷售額當然會受到影響。在跟行銷部門確認之前，可以先看炸雞類的銷售淨利比，判斷有無進行宣傳活動；如果銷售額增加，但淨利卻沒有相對應地增加，很明確就是公司花了錢推動銷售額增加。

　　假如公司沒有給顧客優惠，就要確認銷售據點是否增加了。為了方便，我們把銷售據點稱為「廠商」（Vendor）。營業部可能有跟新的特約廠商簽約，使全國廠商數量增加，或是因為某

---

[1] 編註：初伏、中伏、末伏，是農曆中的三伏天，每個伏日相隔十天，大概在陽曆 7 月到 8 月間，是一年中氣溫和濕度最高的期間。韓國人常透過喝參雞湯以熱治熱，現今也會以吃炸雞等其他雞肉料理取代。

種原因使廠商分別加入外送平台。這種情況下，就要確認炸雞類廠商數量與前一週的差距，以及每家廠商處理的訂單數量。假如每家廠商處理的平均訂單數量跟前一週沒有太大差距，或反而減少了，就代表可能是銷售據點增加而引發訂單數量增加。

此外，銷售量也可能受到特定時期影響，我們稱之為「季節性」(Seasonality)。以炸雞來說，初伏、中伏、末伏，還有鼓勵一人一雞的 9 月 9 日炸雞節的銷售量可能會增加；另外，像世界盃等國民關心的運動賽事也可能使訂單量增加。分析數據時，要關注這些外部因素，確認其中的關聯性。

如果沒有內、外部因素的話，也可能只是單純的外送平台 APP 顧客數量增加。例如 APP 出現在 APP Store 的主畫面上，或是口耳相傳使顧客數量增加，都可能讓訂單量增長。這時候就要對比前一週顧客的增加數量，並確認每位顧客的炸雞平均購買率等。

身為 PO 不能對眼前的數據照單全收。「為了讓炸雞類的位置更加顯眼，我做了更動，使炸雞銷售量增加了」，在公布這項消息前，要先確認這是否是有效的結論。特別愈是看起來漂亮的數據，就要先預設數據有假，然後再深入進行調查。

數據被視為是結果，而我們之所以要對其保持懷疑，是因為數據裡面可能隱含著謊言，要考量第一型的「偽陽性」(False

Positive) 和第二型的「偽陰性」(False Negative) 出現的可能性。
我們拿前述的電影院影評舉例：

- 所謂的偽陽性，指實際上是陰性，但數據結果呈現陽性的情況。假設電影院創建的演算法僅篩選出實際看過電影的觀眾所寫的影評；此時某篇影評其實是由看過電影的觀眾親自所寫，卻被演算法抓到而被刪除，就形成了偽陽性的狀況，也被稱為假警報 (False Alarm)。
- 偽陰性則是指實際上陽性，但是數據結果呈現陰性。實際上不是由觀看過電影的人所寫的影評，卻沒有被系統抓到而被顯示出來，就屬於偽陰性。

所以說，PO 在分析數據的時候，也要一起確認數據收集的方式。假如引發偽陽性或偽陰性的數據不斷積累，那麼這段時間內的分析結果就不正確。

我在發行新產品的時候，都會和被稱為商務分析師 (Business Analyst, BA) 或數據分析師 (Data Analyst) 的數據分析專家們討論；數據的產出和報告的生成都是由他們負責，因此要跟他們討論數據應該如何收集、用什麼方式進行驗證。討論完後，如果有要修改儲存資訊的數據庫，就要再和開發團隊

一起開會討論。

就算不是推出新產品，觀察現有的產品也需要經過這個程序。只要事業或營運方針稍有變動，我就會立刻通知商務分析師一起討論，就是為了要預防這些變動對每天上傳和分享的數據造成本質上的影響。當你認為一定期間內的數據精確度可能會因此被打亂，就要立刻告知所有相關人員，提醒他們在數據按照新方式收集起來之前，未來兩週內都不要參考數據分析的結果。

推出產品跟優化產品一樣，制定好收集數據的方式很重要。當顧客在使用手機 APP 的時候，要盡可能積累大量使用資訊；但如果積累太多沒有用的數據，就可能會導致 APP 或服務的性能不佳。所以 PO 在跟開發團隊討論的時候，一定要思考哪一些是非看不可的數據。倘若說出「為了追蹤顧客行為，所有的地方都要放上 Log」這種話，就代表這位 PO 完全不知道哪個數據最重要。PO 應該要明確提出自己需要怎麼樣的數據。

PO 要對數據保持一定程度的懷疑，特別是當結論過於肯定時，就更需要進一步驗證，確認數據有沒有正確地被收集。因為其中可能混雜了不必要的因素，我們稱之為雜訊（Noise，因為錯誤或變異導致整體數據扭曲，或使資訊難以判別）。

例如我們前面提到的初伏、中伏、末伏使炸雞銷售量變異，

就是季節性所引起的雜訊，這種情況經常發生，像是黃金長假時，如果很多人都選擇出國旅遊，特定服務的使用率就可能比平時低落。或者，如果提供服務的過程中發生技術性錯誤，那麼當天的數據就應該作為參考即可。為了確實瞭解整體狀況，PO 要負責確認數據中是否存在雜訊，絕對不要認為工程師或商務分析師會連這些都指出來，而過分仰賴他們。

從豐富的數據中，你可以提煉出各種不同的見解，並利用這些資訊做出非常優秀的決策。但是，PO 不能完全相信自己眼前看到的一切，而要把數據拆開來看，連數據收集的方式也要確認。即使是經過長時間確認的數據，也要定期懷疑它是否有反映出真相。若能測試數據的可靠性、瞭解其中的雜訊，並描繪出全局，PO 就能站在更接近真實的位置上優化產品。

透過儀表板定期確認狀況

「我們沒有 WBR 嗎？」

「你是指銷售數據嗎？」

「不只是銷售額，我想知道有沒有可以看到顧客數量、註冊人數等所有數據的儀表板？」

進入 Korbit 任職後，我花了幾天的時間跟所有員工一對一面談，我問了其中一位負責數據的員工，公司有沒有儀表板 (Dashboard)。我當時認為，前公司應該會利用 Tableau [2] 等工具，製作一個有事業和營運相關數據的儀表板來進行控管。

PO 必須定期確認數據，想看的時候才拉資料來看的話會使效率不佳。如果按日、週、月統計的數據，能每天一次地自動更新並顯示在畫面上的話，會非常有幫助。而這種畫面我們

---

2 編註：可協助公司建立儀表板以便執行數據分析的軟體。

稱之為「儀表板」。

最近很多企業都使用美國 Tableau 公司製作的工具來建立、管理儀表板。如果想要用 Tableau 的工具製作儀表板，就必須把公司整體累積的數據彙整成資料超市 (Data Mart)。雖然每家公司管理的結構不同，但基本上都需要對數據進行記錄、儲存、輸出、整理、視覺化，以及將重複的作業自動化。

「我認為我的工作就是把所有東西都自動化，讓我的存在變得不再必要。」

這句話出自於一位跟我關係很好且年齡相仿的外國商務分析師。我們長時間以來都一起負責同一個產品，能像夥伴般一起觀察數據。他擅長將 PO 需要檢查的數據視覺化，甚至能讓數據在每天特定的時間自動更新，而非僅止步於在短時間內提取 PO 必須確認的數據。他會盡全力讓儀表板能自動化到一經創建即無須修改的程度。所以他才說，他的最終任務是讓事情不再需要自己。

對 PO 來說，能跟這種分析師合作是一種天大的幸運，因為你可以在任何時候確認產品與事業相關的最新數據。當數據能完美地被視覺化，PO 就可以隨時隨地討論每天、每週、每月甚至每年的數據，從更多樣的觀點切入進行分析。

因此，我認為 PO 一定要做到以下這兩件事，才能有效地

研究產品相關數據：

1.製作主要的儀表板

　　PO 要決定好每天都必須確認的指標，以便能製作一個可以看到指標的儀表板。然而如前所述，這份工作光憑 PO 一個人很難完成，就算 PO 自己做得到，我也認為不該去做。雖然親自產出數據並使用 Tableau 等工具讓數據視覺化，是非常卓越的能力，不過這並不是 PO 的主要業務，PO 應該將自己的資源投入在獲取、分析數據與下達決策上。

　　PO 決定好指標後，請求分析師等人的幫助，生產出儀表板。當然，前提是公司有在收集數據；假如公司連數據都沒在收集的話，就還需要開發團隊與數據工程師的協助。總之，PO 要決定每天必須確認的指標，然後與分析師討論自己希望以什麼方式呈現，讓他知道你是要以週為單位，或以月為單位呈現，並決定要將細部數據呈現到哪個程度。

　　以前述電影院影評服務的相關指標為例，我認為以下幾種是應該追蹤的基本數據：

・量（觀看次數）
　每日

每週

每月

累積數量

相較前一週的變化 %

相較前一個月的變化 %

當月累積 (Month-to-Date, MTD)

- 品質（平均觀看時間）

每日

每週

每月

相較前一週的變化 %

相較前一個月的變化 %

當月累積

- 參與度（觀眾數與撰寫人數的比率）

每日撰寫人數

每週撰寫人數

每月撰寫人數

每日觀看數／撰寫人數比率

每週觀看數／撰寫人數比率

每月觀看數／撰寫人數比率

・惡意使用（影評與惡意使用案件的比率）

每日惡意文章數

每週惡意文章數

每月惡意文章數

每日惡意文章比率

每週惡意文章比率

每月惡意文章比率

　　只要觀察這些基本數據，就可以確認產品呈現出的週期性趨勢。如果把每個類別都透過視覺化的方式製作成圖表，就更易於掌握情勢。接下來就只要定義出各個項目的細項內容，追加追蹤的數據即可。

　　舉例來說，不單看整體的影評數量，還可以再細分成「有詳細撰寫」和「只留下評分」的影評數。參與度還可再細分成「第一次撰寫影評的人」、「最近一定期間內曾有撰寫紀錄的人」。惡意使用次數也可以分成「反覆撰寫相同影評」的情況，和「只針對特定電影留下負評的顧客數」等附屬數據。

2. 製作 WBR

　　上述這種分門別類製作的儀表板，對於確認細部數據很有

幫助；但是，PO 若要向開發團隊、上司或其他相關部門分享有關產品的趨勢和特定事項，這些資料就詳細到不太必要了。

因此，我會再個別製作儀表板或文件。

這樣的文件就叫作 WBR (Weekly Business Review)；製作這份名為「每週業績分析」的文件後，每週召集相關人士花 30 分鐘的時間開會，會對所有人都很有幫助。這麼做的目的是讓所有人瞭解與產品相關的最新變動事項，以及當前的問題。一般來說，召集會議後，我會請大家個別瀏覽一下不到兩頁的 WBR 文件，然後再對彼此就特定事項提出問題。召開這種會議是為了能迅速分享產品存在的問題，並找出對應的方案。我會在 WBR 中列出以下幾點：

・**主旨** (Key Call-Outs)：只明確記錄上次 WBR 後所發生的主要問題。

・**產品目標** (Product Goals)：記錄本季度或本年度要透過該產品達到的目標，如果想要引進谷歌等公司所使用的 OKR (Objective & Key Results) 方法[3]，就要寫下該季度的 OKR。為了實現目標，必須要決定好應對的方案。

---

[3] 編註：OKR，即目標與關鍵結果，作者將於後文詳細說明。

· **主要指標** (Key Metrics)：從儀表板上複雜的數據中，選取必要的部分，不需要記錄每天的數據，只要記錄每週或近三週左右的數據，或是最近兩三個月的每月數據，能讓看的人一眼就看到哪個部分有問題、哪個部分表現良好即可。

　　透過這份文件，可以讓參與會議的人瞭解自己應該要專注在哪個部分。假如影評數量突然激增，就可以問問原因為何；反之，影評數明顯減少，就可以彼此討論從什麼時候、為什麼發生這樣的變化。如此一來，大家就可以知道要付出什麼努力，讓數值可以回到正常水平之上。整理 WBR 文件的目的，不單是要呈現出目前的狀態，如果只是這樣的話，就太浪費與會者的時間了。 WBR 文件是為了幫助團隊集中找出需要掌控的情況，並討論出解決方案。

　　綜上所述，PO 必須要能隨時確認數據。為此，PO 要請專家協助製作適宜的儀表板，讓自己可以隨時確認情況。另外，PO 還要額外製作 WBR 文件，與工程師等所有開發者和相關部門人員一起討論問題。公司應該要提供 PO 一個可以定期觀察數據的環境，若公司不具備這項條件，就要由 PO 負責推動。有效收集、提取數據並對其進行分析，是做出一個好產品不可或缺的要素。

忽略無法讓你付諸行動的數據

「史蒂芬，我試著分析了為什麼配送效率會出現相對低落的情況。」

「真的嗎？下午開會的時候你可以仔細講解給我聽嗎？」

某位數據科學家在上午開會時，跟我說他自己主動做了分析。我很感謝他在我提出問題之前，就自己努力嘗試以新的方式進行分析了。我很好奇他會分享怎麼樣的分析結果，就在與數據研究組的每週定期會議上，請他進行解說。

「很感謝你的仔細說明，我大致上都瞭解了。但是我可以補充一點嗎？」

經過 15 分鐘的提問時間後，我小心翼翼地說了這句話。在不傷害對方的前提之下，我覺得這些話我一定得說。

「我很感謝你主動幫我分析，你最近連週末也都在自己做功課不是嗎？今天你從新的觀點切入問題，提供我很多參考。

但是我相信所有數據分析的結果，都必須要有『行動』。你的分析很有幫助，但我認為可以的話，應該要以透過數據獲得的洞見為基礎，明確提出下一步應該採取的行動。」

我將數據分析的結果分為兩類：單純只能作為參考用的結果，以及可以馬上化為行動改變某樣東西的結果。「可行動性」(Actionable) 數據會告訴 PO 應該要修改什麼。

「基本上，你的分析範圍很廣，讓我們試著把目標訂在降低費用，細分下個階段的行動，你覺得怎麼樣？我們現在一起集中精神，找出要解決的問題吧。」

這位數據科學家所提出的分析結果範圍相當廣。我們沒辦法立刻知道要如何修改演算法。當然，他的分析對於瞭解目前整體配送狀況有很大幫助，但卻很難透過這個分析，歸納出我們應該如何將效率最大化。

PO 要有效利用所有資源，沒有任何資源比時間更寶貴；拿到博士學位的數據科學家年薪相對較高，因此最好不要讓他們把時間浪費在不必要的分析上。為了可以根據可行動性數據來改善演算法，PO 必須持續提出分析方向。

即使不是數據科學家，商務分析師或工程師也可以協助提出數據；因此也要讓他們知道自己具體應該篩選出哪些數據。我會思考要將分析結果用哪種圖表呈現，或是在表格上分成幾

列、應該放入怎樣的數值，盡可能仔細地將訊息傳達出去。至少我會明確傳達出我想看的是哪個部分，不選用不具可行動性的數據，以免浪費任何一個人的時間。

我在分享成果的會議上，看著這份數據的同時，有一個問題一直在我心中反問：「所以呢？」當他想更進一步解釋，我就又會拋出「所以我們能做什麼？」的疑問。每一季，我都會為我所負責的產品制定一個具體目標。為實現目標，我會透過數據確認應該改善什麼，並且果決忽略這些無法提供明確答案的數據。

舉例來說，我正在經營一個擁有數百萬顧客的計程車呼叫服務。假設突然之間銷售額比前一週下滑非常多，但前一週是中秋連假。這時，如果你問自己「所以呢？」會獲得什麼樣的答案？

中秋連假期間的叫車服務使用率理所當然會下降。2019 年中秋節連休期間，使用仁川航空的旅客數量每天平均有 18 萬人左右。光是江南高速巴士站，就有 15 萬人踏上返鄉的旅程，連假期間有 19 萬人訪問濟州島。顧客暫時從居住地大舉移動到其他地方時，計程車叫車服務的使用率與銷售額自然會下降。

「所以呢？」

使用率下降我們要做什麼？由於季節性因素，中秋連假結

束後很可能就會恢復正常；我們必須等從首爾到其他地區或國家的使用者回來。雖然銷售額一時下滑，但我們也沒辦法做什麼開發。這種數據就不具備可行動性，因為我們無法立刻採取行動改正錯誤。

　　讓我們再次假設，銷售額比上一週大幅下跌，看到這個數據可以導出三種不同類別的結果：

1. **不具備可行動性的數據**：就像中秋連假期間數值產生變化一樣，這是不管做什麼努力都無法有效解決的情況。計程車業者也可能會進行短暫罷工，甚至因為通訊公司的阻擋，使手機一時之間無法使用。這種數據拿來參考就好，可以果決地無視它；就算銷售額下跌也不用太驚訝，不應貿然採取行動。

2. **可行動性數據**：如果明明不是像中秋節一樣的連休期間，銷售額卻出現減少的趨勢，就要去瞭解原因。是因為這週系統發生錯誤，導致顧客無法叫計程車嗎？要瞭解系統的錯誤是為什麼發生，並跟開發團隊討論如何避免再度發生，盡快進行改善。

　　假設銷售額減少，但競爭對手的市占率卻有所提升，就要分析競爭對手是否有推出新功能或進行促銷，分析這些行為會如何動搖顧客的心理，以快速找出改善顧客體驗的方法。

3. **已經採取行動應對的數據**：如果幾週前已經掌握了銷售額下跌的趨勢，正在努力改善顧客經驗的話，該銷售數據就屬於參考用數據。如果預計下星期才會更新裝載新功能的 APP，就要保持耐心繼續觀察。觀察數據時，你要知道公司在開發或事業層面上採取了什麼行動，擁有背景知識，才能判斷是否要針對數據立刻採取行動。

PO 必須要接觸各式各樣的數據，身邊的工程師、分析師、數據科學家也會提出各種不同數據。PO 不能只片面觀察數據，為了讓包含自己在內的所有人，不把時間浪費在毫無意義的事件上，PO 必須快速判斷這個數據是否具備可行動性。

當你看到數據，可以先問自己「所以呢？」如果是無法立刻採取行動解決的問題，就做出略過這項數據的決策吧。

設立假說並管理組織目標 (OKR)

「史蒂芬，這個到底要怎麼證明？」

「這裡面的雜訊太多了，沒有辦法假設顧客是看了這個影片才購買商品的。」

那位跟我很熟且年齡相仿的外國分析師，正站在螢幕面前苦惱著。我們在半年的時間內，已把商品評價數量從幾條增加到數千萬條，並證明了同時顯示其他顧客親自拍攝的優質相片與評價，可以有效幫助顧客下達購買的決策。我們認為，詳細撰寫的文章比評分更有用，照片比文章更有效，而影片又會比照片更勝一籌，於是正著手準備開發。然而，如果想要提供影片商品評價的服務，就要證明顧客是真的對這項服務有所需求。

「只有當消費者先花費幾秒以上的時間看影片，我們是不是才能假設他是因為這則內容進行消費？」

「但要用幾秒來區分的話有些尷尬 。 花 10 秒看一部總共

20 秒的影片，跟只花 10 秒看一部 2 分鐘的影片，在專注度上就有明顯的差異吧？還是要用相對於影片長度的比例來定義？」

「那如果是看完影片評價之後，又去看了其他幾樣商品，最後又回來加入購物車的情況呢？」

「如果這件事發生在沒有登出的狀況下，屬於同一行為（使用 APP 到離開 APP 的這段時間）的話就沒關係。但是要怎麼區分顧客是因為影片而決定購買，還是因為文章或是照片才購買的呢？」

我們持續向彼此提出問題，努力想找出確定的答案。PO 不能光靠直覺下達開發決策，而是要設立一個可以說服所有人的假說；絕對不能認為影片可以比照片提供更多資訊量，就斷定這對顧客會有所幫助。

「假說」是佐證 PO 思維必備的工具，不管怎麼從理論上說服自己，只要無法透過測試與數據證明假說，就不應該著手開發。我們必須要有一個標準來判斷 PO 的提案是否有誤，決定要不要立刻刪除這項功能，這也是假說與實證測試之所以必要的原因。

「我們預估，若推出影片商品評價功能，具有影片商品評價的商品，購買率將會增加百分之 N。」

著手開發之前，我在與工程師和 UX 設計師齊聚一堂的會

議上開始解說，跟所有人分享我們具體會以什麼顧客為對象進行測試、預估時間長短，以及排除掉哪些數據上的不確定性。我相信，PO 以個人的想法左右開發方向是不正確的行為，因此不管開發的重要程度或規模如何，我都會努力將假說設定為數值，並盡可能告知背景資訊。

PO 的存在是為了解決問題。但身為一位平凡人，PO 很可能會想證明自己的想法是對的，不知不覺間左右了某些方向而犯下錯誤，濫用開發資源就為了證明自己的正確。為了盡可能避免這類自我中心式的做事方式，PO 應該要投注努力在建立假說之上。

只有理性看待問題，才能夠真正解決問題。PO 應當徹底撤除自己的情緒、期望等，以中立的立場歸納出假說，再仔細討論要用什麼方法證明該假說。假如數據中有雜訊，就一定要排除，因為雜訊可能會使自己的假說看起來是成立的；為了得出確切的結果，請務必要周密地進行驗證。

我們以單純開發一個銷售旅行商品的網站為例。假設我們進行大規模投資，增加了可以 360 度拍攝旅遊景點並上傳至商品銷售頁的功能。如果只設定「銷售商品時顯示 360 度攝影照片可以使購買率增加」的假說足夠嗎？

假如這項功能在 5 月左右上架，我們可能會以為這個功能

帶來了很大的效益，因為暑假快到了，銷售額也隨之增加。但如果將同樣的功能在 2 月上架呢？因為這時是淡季，銷售額處於低點，那麼我們可以說這個功能毫無意義嗎？無論如何，我們都應該排除季節特性，設計出能去除雜訊的驗證方法。相對於比較上架前後的表現，我們採取的方法是把顧客群分成至少兩類，在同一個時間內只提供某一方該功能，以比較雙方的商品購買率。

比起單純只說購買率有所提升，用下述方式向組員進行解釋，能讓大家更容易理解。

至少訪問同一頁面 3 次以上、且每次停留時間超過 5 分鐘的顧客群，過去一個月以來有 2 萬 3 千人，他們其中有 25.8% 的人會立刻跳轉至搜尋頁面；從這點看來，我認為他們想要獲得更多其他的資訊。如果可以讓他們在內容中看到實際旅行地點每個季節的 360 度環景，就能減少購買時使他們猶豫的不確定性，商品購買率預計將提升 8%。

為了證明這個假說是否正確，我們打算將最近 30 天以來有訪問同一商品頁面 3 次以上的顧客分成兩組，並只提供其中一組人使用新功能。這項測試會以 5 比 5 的比率進行 7 天。用於驗證假說的主要指標有商品轉換率、銷售貢獻度、360 度環景消費率等。

　　使用假說來解釋你要在大框架下證明什麼，會更易於所有人理解。如果省略了這個過程，包含 PO 在內的整個團隊都會失去目標。

　　除了這種為功能設定假說的方法，還有一種方法則依據假說來管理組織目標。這個名為 OKR 的方法，由英特爾 (Intel) 前 CEO 安迪‧葛洛夫 (Andy Grove) 首創，並因知名風險投資公司凱鵬華盈 (Kleiner Perkins) 合夥人、谷歌投資人約翰‧杜爾 (John Doerr) 而聲名遠播。

　　OKR 是 Objective & Key Results （目標與關鍵結果） 的縮寫，在統一公司整體目標與員工個人目標上非常有效。每個季度約莫會設立三個公司目標，然後將關鍵結果數值化，用以確認目標是否有被達成。目標本身必須是具體的行動，關鍵結果一定要可以透過數值被驗證。我們以必須經營實體賣場的食品技術企業的 OKR 作為舉例。

目標 1：透過自動化減少營運比率

關鍵結果 1

■以線下賣場庫存和預估銷售量的數據作為基準，優化出貨數量；將從賣場被送回物流中心或廢棄物中心的數量，從每週 32 萬個，減少至 12 萬個，總共降低 62.5%。

關鍵結果 2

■將從物流中心出貨過程中，依抵達目的地分類的工序，用自動化的機器替代， 使常駐人力可以從每日 200 人減少至 40 人，降幅 80%。

設定好三到五個這樣的目標後，各個部門再分別撰寫該如何達成目標的 OKR。數據分析部門要設立目標，以確實架構出能預估銷售量的模型，並把準確度訂定為關鍵結果。倘若設備部門要以設置自動化設備為目標，那麼人事部門就應該做好準備，以因應將現場常駐人力減少時可能發生的問題。

各部門底下的員工， 也必須將各自要實現的目標設定為 OKR。如此一來，公司所有成員都會朝組織的大方向邁進，負責細項的關鍵結果。

有在運用 OKR 的主流公司，在設定 OKR 上下了非常多的功夫，因為每一個關鍵結果都必須是非常精確的假設。凱鵬華盈的杜爾以及谷歌都表示，應當將關鍵結果定義到難以被達成的高度。無論如何，為了確認是否有達到目標，在設定關鍵結果時，必須投入心血觀察數據。

PO 所設定的 OKR 至關重要，因為開發團隊等相關部門會依照 PO 為組織和自己設立的關鍵結果做出決策。而關鍵結果

必須與 PO 所定義的目標一致，因此，每一季設定 OKR 時，PO 便要分析各式各樣的數據，以提出具備一貫性的目標。

「史蒂芬，所以你目前在解決什麼問題？你想達成的目標是什麼？」

我與一位從國外來韓國待幾天的 PO 初次見面，在一起去吃晚餐的途中，他突然這麼問我。我們一分鐘前才剛互相握手打了照面，邁出步伐的第一個問題就跟「假說」有關。所以說，負責產品的 PO 必須要很清楚知道自己設定的假說為何、為什麼要設定這個假說、又要如何證明。他沒有要求我做自我介紹，反而是問了我一個跟假說相關的問題，也許就因為這正是 PO 存在的關鍵原因吧。

無論是公司或組織要決定目標時，或是向客人推出一個小型功能之前，PO 都必須公布理性的假說。唯有以多種角度進行思考、分析數據、公布可驗證的假說，包含 PO 自己在內的周遭所有人，才可以具有一貫性地製造產品，最後顧客也才能享受到確實有所改善的使用體驗。

讓風險降到最低的數據驗證法

「史蒂芬，你要怎麼證明你推出的功能可以讓數據好轉？」

「你是想問我打算如何區分同時測試的其他功能，觀察其中的對應關係嗎？」

「對，如果可以直接證明貢獻度的話應該比較好，你有想過了嗎？」

「因為測試的排程無法調整，我正在跟分析師討論中。」

為了達成配送體驗相關的目標，好幾個團隊打算同時推出多樣化的功能，並正著手於測試計畫上，其中某位 PO 問了我這個問題。如果各自想測試的功能都只有一個，就很快可以確認該功能對指標所產生的影響；但是我們預計多管齊下地上架多項新功能，所以就需要仔細地為彼此做好前置作業。

公布假說之後，PO 就要著手準備驗證數值。會自己提取和處理數據的 PO 並不多，所以要提前跟分析師討論，架構出

可以在測試過程中隨時確認數據的環境。上司、其他部門，或者是一起開發的組員，隨時都有可能問到測試進行得是否順利。為了應對測試中途可能發生的問題，也需要有環境讓 PO 得以隨時進行監控。

如果像前述情況一樣，只能多方同時進行與某單一數值連動的測試，可以用幾種方法來解決這個情況。

第一點，改變測試的排程。PO 很可能會認為自己負責的功能最重要，但如果以整體性觀點評估，一定會有需要優先上架的功能。如果需要先測試其他 PO 的功能，延後自己的測試時間也是方法之一。

如果沒辦法推延測試時間，也可以調整測試對象，將測試對象分類，各自適用在不同的測試之上。舉例來說，只有每週使用該服務 5 次以上的女性顧客才能被歸類在這個組別，另一個組別則由具有 1 次以上購買經驗的男性顧客所組成。如果有同時會被歸類在兩個組別之下的顧客，就應該將其從測試對象中剔除。但是樣本測試的結果，並不足以預測適用在所有顧客身上的結果，所以挑選測試對象時必須非常慎重。

假如你是有實體賣場或有駐點的企業，就可以限制測試進行的場所；把一項功能套用在其中一個實體賣場，另一項功能用在另一個實體賣場，以觀察測試結果。不過，日後將功能應

用在全國賣場時，仍可能會有測試時無法確認的變數發生。

如果很難像這樣進行分類的話，可以在做完整體測試後，透過數據分析確認相關性。想要證明相關性，就必須確認 P 值 (P-Value)，關於這部分我在第 9 章會詳細說明。

「史蒂芬，我們沒有具意義的 Log。」

「完全沒有保留顧客使用網站的紀錄嗎？所以說，我們沒辦法知道他們看了哪些頁面嗎？」

剛進入 Korbit 時，在面談的過程中一位外國工程師告訴我這件事。所謂的 Log 是開發網站或 APP 時，為追蹤使用者進行了什麼選擇、輸入哪些文字、在哪個頁面停留多久等行為，埋在其中作為記錄用途的程式碼。但是實際上 Korbit 幾乎不知道顧客在網頁上做了什麼，只知道他們增加了幾筆、成交了幾筆加密貨幣的交易訂單。

以顧客作為對象測試新功能的時候，追蹤 (Tracking) 顧客行為變化非常重要。但公司若不具備獲得這些數據的技術，PO 再怎麼用心準備也都是白搭。

PO 必須清楚公司有在收集哪些與自己負責產品相關的數據。如果 PO 判斷光靠現有的數據無法進行有意義的測試，便需要和開發團隊討論，改善現有的架構以累積自己需要的數據。沒有數據的話，不但分析師無法大展身手，PO 也很難證明自

己的假說。

我在 Korbit 時，跟那位外國工程師討論後，便一起計劃更改現有的程式碼形態。我們決定跳脫過去使用了好幾年的語言，以 React (JavaScript Library)[4] 為基礎來改變顧客體驗。React 可以更容易用 Log 記錄網頁上的顧客行為。 若能善用 React Native[5] ， 還可以用同一組代碼庫同時製作安卓或 iOS 手機 APP。

要改變已經成熟運作的 Korbit 網站基礎架構，並不是一個輕鬆的決定。但是，脫胎換骨為可以累積足夠數據的架構，又能讓公司更有效率地同時推出兩款手機 APP，我認為這是非做不可的投資。就像這樣，PO 會視情況要求優化技術平台，從長期觀點出發，這麼做才能減少優化服務所使用的資源，並能收集足夠的數據以證實假說。

在脫胎換骨成 React 之前，可以利用的數據並不多，但即便如此，PO 也必須努力在這樣的限制中，歸納出有意義的見解。舉例來說，架構出更好的分析環境，就是可以由 PO 主動發起的領域之一。所以我們設立了由數據分析師與數據工程師所組成的數據小組，架構出資料超市，以記錄和輸出與產品和

---

4 編註：React 是可以用來建構使用者介面的 JavaScript 函式庫。
5 編註：React Native 是基於 React 所開發的跨平台 APP 框架。

顧客相關的大量數據；而為了將輸出與整理過後的資料轉換成具備行動性的報告，我們也導入了 Tableau 的服務。

如同前面所述，執行測試的方式中，最常被使用的就是 A/B 測試，也就是提供與目前相同的服務給隸屬於 A 組的顧客，然後向 B 組顧客推出新功能，觀察約 7 天以上後，再比較兩者的數據。假如 B 組購買率或使用率高於 A 組，就可以證明功能具有效益的假說。

如果你所使用的 Facebook 和 Instagram 的 APP 設計與身旁友人的不一樣，就表示你們其中一個人屬於 B 組。主流的 IT 服務公司都會同時進行多種 A/B 測試，所以幾乎所有使用者都不會處在相同的功能或設計中。只要像平常一樣使用，該產品的主責 PO 就會觀察數據，決定到底要不要推出新的設計。

主流公司都具備能自行輕鬆創建、執行 A/B 測試的平台，可以用隨機的方式挑選隸屬於 A 或 B 組的測試顧客，並讓他們僅使用該組別才能使用的功能。而為了可以確認每個瞬間有多少人做了什麼事、對銷售額等有無產生影響，他們可以隨時確認數十種以上的數值。萬一應用在 B 組的功能發生技術性問題，也可以立刻移除應用在 B 組的技術，因此公司最好有 A/B 測試平台。

但並非所有公司都會投資這種平台，別說是新創公司，連

Korbit 都沒有自家的 A/B 測試平台。但幸好還有谷歌的 Optimize 或 Optimizely 等 A/B 測試服務，PO 可以跟開發團隊討論，將這些服務連動於合適的平台。

　　PO 為了證明自己的假說是否正確，必須要落實前置作業。仔細制定驗證計畫很重要，但如果公司本身就不具備輸出數據或進行測試的環境，就要與開發團隊一起討論。雖然，若想立即推出新功能，可能很難做到這樣的事前準備，但是埋 Log、建構資料超市、架構 Tableau、連動 A/B 測試平台，從長遠來看是不可或缺的投資，也是提供顧客更良好的體驗所不可或缺的要素。

實戰 TIP_03

數據儀表板也是一種產品

PO 或分析師為了將數據視覺化，有很多種方式可以製作儀表板，也就是使用 Tableau、微軟 Power BI 等工具。

利用這些工具可以製作出多樣化的作品形態，但主要有下列幾種：

・能定期更新的數據表格
・可以一眼就掌握趨勢的圖表
・可以下載和查看排列數據的文件

PO 會直接確認這些儀表板，但有時也要分享給開發者、經營團隊或者內部顧客。當然，看到這些數據的顧客，理解程度可能千差萬別。

所以我們必須把儀表板視為一種產品。如果儀表板是由分析師等同事協助製作，PO 一開始就必須明確傳達需求，並且在儀表板完成之前，都要持續給予反饋。

儀表板的顧客就是查看數據的人。舉例來說，如果你要向管理層展示 WBR 儀表板，有時要用直接傳送連結的方式取代親自解說；這種時候，管理層就要抽出原本就不寬裕的時間，

試圖解讀儀表板。

假如表格名稱不夠精準？圖表要呈現的目的不夠明確？圖表上各種顏色所代表的意義不容易瞭解？就會難以解讀數據。PO 親自製作、或與分析師共同製作儀表板時，一定要記住以下幾點：

· 儀表板的標題一定要能明確點出主題
· 要清楚標示每個表格的名稱
· 表格上行列的名稱要夠精確
· 若光靠名稱還是不夠清楚，可以在表格或圖表下方加上說明
· 出現英文時，要清楚區分大小寫

PO 必須問自己「第一次看到這個表格的人能夠理解嗎？」並盡可能改善儀表板的可讀性。既然要投注時間和精力製作儀表板，當然要讓所有人都能毫無困難地輕易理解它，PO 要經常從使用數據的顧客的立場上進行思考。

第 **4** 章

高效管理日程的秘密

●┈┈┈┈┈┈┈┈▶

Story Ticket 要傳遞什麼事情給誰？

「上週已經 Review 過我分享的文件了， 應該沒什麼問題吧？ 那我們就先寫一個 Epic， 把它連結到現在要立即執行的 Story Ticket 上。」

「謝謝你，史蒂芬。Story Ticket 先分配給我吧。」

「好的，假如開發團隊有什麼具體需要追蹤的開發事項，再幫我在每個 Story 上增加 Sub-Task（子任務）吧。」

在開發大型新功能之前，我會先告訴負責主導開發的工程師，彼此應該分配什麼樣的 Ticket。開發過程中，PO 最重要的任務之一就是決定具體需求，把需求傳達給開發團隊的方式，就是發行 Ticket。關於這部分，我後面會再詳細解說。

在發行 Ticket 之前，當我要製作新功能時，我會另外撰寫一份文件，內容限定在兩到三頁；根據頁數，我稱之為兩頁式報告 (2-Pager) 或三頁式報告 (3-Pager)。我最晚會在著手開發新

功能的前一到兩週內完成這份文件，然後召集產品的開發者們參與會議進行解說；會議討論後，再根據開發團隊反映的意見重新修改文件。經過與開發團隊的討論，這份文件也因此能被其他相關部門靈活運用。PO 不需要一一召集會議向其他團隊進行說明，只要分享這份文件就差不多可以解釋完一般事項；這種文書化方式被稱為 「具擴張性的知識轉移」 (Scalable Knowledge Transfer)。

我所撰寫的文件內，主要會包含以下幾種資訊：

1. 目的 (Objective)

在兩三句話以內明確表達此份文件的目的及其中探討的內容。目的是為了幫助對方自行判斷是否要花費時間閱讀此份文件。

2. 背景 (Background)

用約兩三句話或最多一張紙左右的篇幅，說明為什麼我們需要這個新功能。除了開發者以外，必須要讓閱讀這份文件的所有人讀到這個章節時，就能瞭解產品一系列的進展狀況、要解決的問題，以及今後的方向。

3. **要為顧客做什麼？**(What job are you doing for the Customer?)

以條列的方式簡短且明確地闡述，為什麼顧客要「雇用」這個功能。從第一點開始，以重要程度依序排列，例如「清楚知道自己要點什麼餐點的顧客，會為了一眼就能確認即時配送資訊，而雇用這個新的地圖功能」。主要可以列出三到五點，如果裡面的顧客太多樣，就表示該 PO 無法掌握真正重點的顧客是誰。

4. **原則** (Guiding Principles)

列出從開發到推出的過程中，做決策時的基準原則。根據重要程度，從第一條開始羅列，數量限制在六條之內；過多原則表示 PO 無法做到簡化，只須選出幾條必要的重點原則即可。例如，「顧客最重視的是瞭解食物的配送現況，必須徹底摒除不利於掌握現況的地圖功能」就是一條原則，因此像衛星圖片、交通狀況等功能無法提供顧客幫助，制定這條原則就可以幫助避免增加這種不重要的功能。

5. **目標** (Goals)

解釋推出新功能所追求的目標是什麼。這裡的目標一定要可以被數值化，可以直接填入證明假說會用到的數值。目標應

限制在兩到三點。如果追求的目標過多，就代表 PO 無法判斷輕重緩急。

6. 主要指標 (Key Metrics)

選出三到四個指標（包含用於達成目標的指標），要能體現出功能有沒有依照顧客需求，往正確的目標進行。如果已經有正在追蹤的指標，也可以寫上撰寫文件當下的數據，作為日後比較變化的基準點。雖然可以將打開地圖的顧客人數作為點餐 APP 新地圖功能的主要指標，但觀察客服中心受理的問題變化也會有所幫助，如果地圖能讓顧客明確瞭解配送狀況，「怎麼還沒送達？」「配送到哪裡了？」這類疑問應該會明顯減少。

7. 開發計畫 (Roadmap)

顧名思義，就是要寫下開發的計畫。我個人偏好將開發分為「第一階段、第二階段、第三階段」，並羅列出各個階段具體需要開發的事項。第一階段會完成可以最快進行測試的「最小可行性產品」(Minimum Viable Product, MVP) [1]，之後再升級到第二、第三階段。

---

[1] 編註：指先以較低成本，設計出能體現核心概念的部分產品功能後，立即放入市場測試是否可行，日後再不斷進行優化或繼續開發。

有時也會把計畫分成短期（1 個月內）、中期（3 個月內）、長期（6 個月內），並解釋各個時期應做的事項。如果有立刻要在本季度內完成的功能，就會將其制定為短期計畫。

與開發團隊或組長討論並修正開發計畫後，這時就要標示上預計完成開發時間 (Estimated Time of Arrival, ETA) 與狀態。如果狀態沒有問題，就標示為綠色 (Green)；如果在時間點以前可能無法完成，或是還有要先行解決的問題，就標示為黃色 (Yellow) 或紅色 (Red)，紅色表示該項目開發完成的可能性幾近為零。

8. 常見問題 (FAQ)

開發一項新功能時，除了開發團隊以外，其他部門也可能會有很多疑問。PO 如果可以預測這些疑問並先行提供答案會很有幫助。舉例來說，可以寫下「新的地圖功能可以適用在安卓和 iOS 上嗎？」然後回答「會先從安卓著手更新，預計約五個星期後再更新 iOS 版本。詳細內容請參考開發計畫」。形式就跟其他 FAQ 一樣，用條列的方式羅列。一定要記得，回覆好幾次相同的提問，是一種沒有效率的做法；好好運用文件，就可以節省時間。

實際上，我會在寫完文件後召集開發團隊一起開會；我會事先分享文件，請他們先行閱讀，會議上口頭解釋重點內容後，便立刻開始討論。這時 PO 必須回答所有開發團隊好奇的問題，假如無法當場回覆，就告知對方會再盡快確認。著手開發之前，統一 PO 所想的方向跟開發團隊理解的方向，是非常重要的階段。

如果所有人都已經從同一個觀點上理解新開發的產品，就可以進入下一個階段。我們已經透過文件描繪了大方向，接下來就是將它細分。大部分的 IT 企業運營開發組織的方式，是在由 Atlassian 公司開發的 Jira 系統上創建 Ticket，再將其分配給負責的工程師。透過創建和分配 Ticket 的過程，可以讓工程師瞭解自己具體應該要做什麼，因為每張 Ticket 上都會標示什麼時間之前要完成什麼任務。只要看 Ticket，工程師不需要另外接受任何指示，就可以專注在自己的工作上。

為了開發新產品而要創建 Ticket 時，主要會使用以下三種方式：

1. Epic

Epic 的直譯是「史詩」，扮演著訂定大目標的角色，主要用於製作新產品或開發重大新功能的時候。管理 Epic Ticket 的

形式是在底下創建很多 Story Ticket，當所有 Story 與 Task Ticket 完成時，Epic 就會轉為開發完成的狀態。

Epic Ticket 上會記錄之前撰寫文件的核心內容，包含目的、開發可行性、目標、主要指標等。如果你認為藉由 Epic Ticket 就能說明清楚，也可以省略額外撰寫文件。但是 Epic 只會用在開發組織，如果你希望將資訊分享給行銷或其他事業部門，額外撰寫文件就會有非常大的助益；特別是要向上司或管理層解釋時，不能只傳一個 Epic 的連結出去，因此一般來說 Epic Ticket 無法替代文件。

2. Story

為了實現 Epic，就要透過 Story 進行分類。Story Ticket 通常會解釋使用者可以做什麼事，例如，「使用者可以在地圖上確認正在移動中的配送員目前的位置」可以成為一則 Story，我就會用這種形式撰寫；有時也會將大功能分類後再創建為 Story Ticket，例如「在地圖上即時標示配送員的位置」，以這種簡潔的方式制定標題，說明要實現的功能。

Story Ticket 中也會撰寫類似於 Epic 的目的、開發可行性、主要指標等，但最重要的是表達具體的開發需求。PO 必須在這裡詳細說明要製作的功能，要把地圖放進哪一個選單、要從

哪裡取得資訊來源、要使用哪一種圖標等，都應盡可能明確地記錄。

由於 Story Ticket 只能用文字撰寫，所以會再額外加上 UX 流程文件或設計方案等連結或附件。不管是用什麼形式表現，目的是要幫助開發人員清楚瞭解自己要實現的目標。

3. Task

為了完成一項 Story，須再把要開發的內容劃分成細項，這就是 Task，例如「串連 Naver [2] 地圖 API」或者「從 DB 中帶出訂購者的位置座標」等。Task 主要由開發人員或開發團隊管理者親自撰寫。PO 只要明確撰寫 Epic 與 Story，開發人員就會根據技術層面的需求生成 Ticket。同樣地，只要與 Story 相關的所有 Task 都完成後，就表示完成了一項 Story。

「請問開發團隊有沒有什麼意見要提供給我？我想瞭解有沒有需要改進的地方？」

「完全沒有，我們跟你合作非常開心。」

「謝謝，跟你們合作我也很開心。我的任務就是明確傳達

---

[2] 編註：Naver 是韓國著名的搜尋引擎網站，提供搜尋、新聞、電子信箱與地圖等服務。

所有需求，讓所有開發人員不會有任何疑惑，如果我寫的 Ticket 不夠詳細，一定要讓我知道。」

　　我每週都會與一起合作的開發團隊管理者們進行個別面談，並提出這個問題，提醒他們我所扮演的角色。如果 PO 沒有把需求確切傳達出去，工程師很可能就會浪費時間苦惱自己應該做什麼。再者，如果雙方的理解沒有在同一條線上，就不可能確實地完成要展示在顧客面前的產品。為了從一開始就避免浪費時間和機會，我會盡最大努力撰寫文件、創建 Ticket。

　　PO 若想得到工程師的尊重，最確切的方式就是清楚傳達需求。PO 要負責將顧客需求、公司目標，以及最佳的解決方案傳遞給開發團隊。PO 必須要學會如何與參與開發的人員溝通，讓他們正確瞭解資訊，如此一來才能催生出真正讓顧客滿意的產品。

PO 不能做的事

「史蒂芬，我還有幾個問題。」

「隨時歡迎提問。」

「請問您能夠親自參與開發嗎？」

「您是問我會不會開發嗎？雖然我有在 Naver 附屬機構學過開發，但 PO 有需要親自開發嗎？」

「雖然我們有開發團隊，但我們希望 PO 可以直接開發一些簡單的東西，您可以幫忙嗎？」

身為 PO，偶爾我會收到國內外企業的人資或獵頭的聯絡，我幾乎都會鄭重地表示自己沒有跳槽的意願；但曾經有一位跟我共事過的同事，把我推薦給某間東南亞最大電商之一的企業，因此我曾與這間公司的人資部組長簡單通過電話。

遠在東南亞特地撥電話給我的他，突然問我會不會開發。因為 PO 必須要有一定程度的技術知識，所以我理所當然地以

為，他想確認我是否知道開發的流程，或想問我是不是能看懂程式碼。

然而，他很認真地問我能不能夠寫程式。他問我能不能直接寫出簡單的 UI 畫面或者 Bug Fix（修正存在於程序內的錯誤，讓系統可以正常運作）。我有些不知所措，所以詢問他 PO 是否也要參與開發，卻得到了他好似理所當然地回答。

我非常訝異，如此大規模的跨國企業竟然要求 PO 參與開發；如果是規模比較小、人力資源不足的新創業者，還可能會考慮使用這種方式，但是我認為讓 PO 參與開發並不適合。PO 的職務是思考產品的方向、站在顧客立場思考、分析數據，以及隨時隨地做出決策，如果還要連帶負責開發，從各方面來看都不正確。

首先，開發出來的成品完成度必須要很高。不管 PO 的專業有多接近，即便擁有開發經歷，但在無法每天查看特定產品基礎程式碼的情況下，有需要才去改動程式碼，是非常危險的行為。如果程式碼寫得不對產生了 Bug，反而會對顧客體驗造成負面影響。

再者，PO 的任務並不是直接參與開發，而是要專注在如何讓工程師、設計師、商業分析師等人瞭解各自的任務，並明確提出需求與開發方向。PO 如果每天要花一部分時間親自寫

程式，就會無法扮演好自己的角色。

現在還有很多企業會基於企畫所撰寫的畫面結構圖或 Wireframe 進行設計和開發，因此他們認為 PO 也必須要會製作 Wireframe 或基礎設計。但是我認為這種方式並不正確，不同於企畫，PO 需要負責的任務範圍更廣，而且 PO 也不是設計使用者體驗的專家。

就像開發會由專業的工程師負責一樣，設計也應該由專業的設計師負責。PO 是決定設計師要達成什麼目標、共同討論需求的角色，並不是直接畫 Wireframe、或決定畫面上的按鍵要放在哪裡的人。UX（User Experience，使用者體驗）或 UI（User Interface，使用者介面）設計師能更有效率地致力於這個領域，為顧客提供最佳的使用體驗。

根據公司規模或狀況，PO 的身分有時會變得模糊。剛轉到 Korbit 任職時，因為公司還沒有制定好需要使用韓文與英文撰寫的顧客說明郵件的處理流程，所以我也曾自己親自撰寫。在緊急情況下，雖然 PO 可以像全能型選手一樣協助其他工作，但最後可能會導致 PO 無法根據優先順序靈活運用時間。

PO 必須清楚知道自己存在的理由。舉例來說，即使 PO 只花 20 分鐘寫一篇公告，但這前後所浪費的時間還是相當長，無法投入在本職工作上的時間，對公司與顧客來說就形成浪費。

顧客從公告上獲得的價值，會高於從產品新功能上得到的價值嗎？PO 必須好好利用自己的時間與精力，確認自己是否有專注在專業領域上。

目前 PO 這個職務還沒有完全普及，因此人們對 PO 工作內容的期待可能會有所不同，這時就要清楚表達或說明 PO 負責的領域只到哪個部分，否則光是處理其他人交辦的所有瑣事，PO 就無法專注在自己的工作之上了。

像 Coupang 一樣，有 PO 這項職務已經很長一段時間的公司，偶爾也會發生對 PO 職責認知不同的情況。所以，我會寫一份 4 頁的文件，給我負責組織底下的開發經理和技術專案經理 (Technical Program Manager, TPM)，請他們閱讀完文件後，透過會議討論、製作出最終版本，再將文件分享給管理層和其他相關部門。

下表是上方所述文件中的一部分。這個不止適用於 Coupang，其他公司也可以做一樣的 R&R (Role and Responsibility) 劃分，我想對各位應該會有所幫助。

	負責工作項目	開發經理	TPM	PO
1	相關部門會議	需要時參加	定期參加	必須參加並主持會議

2	路線圖、OKR、其他文件	討論與提供意見	討論與提供意見	撰寫與修正
3	設定優先順序	討論與提供意見	討論與提供意見	決策與說明
4	與相關部門溝通	需要時給予協助	定期給予協助	定期給予協助
5	技術議題	解決與記錄	觀察與處理	觀察與處理
6	Scrum [3] 會議	主責與參與	最好可定期參與	參與並說明
7	Sprint [4] 企畫	主責並分配工作	定期參與	主責並說明
8	數據與數值化	必要時參與討論	必須充分瞭解	決策、創建、說明
9	開發完成公告	必要時參與討論	跟 PO 討論並撰寫	必要時撰寫
10	小型議題	指派夜間值班負責人	盡可能參與處理	盡可能參與處理

　　如果沒有定義好自己的角色，PO 會被接二連三的工作困擾，反而無法完美處理好自己主要的任務；所以，明確定義好職責，再用大家可以接受的方式解說，是非常重要的一件事。PO 如果把精力放在其他工作上，就會無法下達更重要的決策。

3 Scrum：敏捷開發應用在實際組織運營的具體方法之一。為了讓擁有自我決策權的小型組織可以維持工作週期而定期舉辦的簡短會議，即為 Scrum 會議。
4 Sprint：應用於敏捷開發的開發週期，一般兩週會經過一個 Sprint。

　　就像決定開發的先後順序一樣，PO 也要清楚知道應該將自己的時間和精力優先投資在哪個地方。當有人拜託你寫程式、做設計、寫公告時，希望大家都能先問自己，這份工作是不是會大幅影響顧客。PO 這個職務並不是要處理雜事，一定會有能更有效投資自我時間的方法。

Scrum 會議上必做的事情

「今天有一件事情想跟大家宣布。目前我們正在進行測試的開發項目，適用地區擴大了。我已經將具體內容修改在 Ticket 上了，希望大家可以閱讀連結裡需求事項文件最後面的 28、29 及 30 頁。」

「史蒂芬，我想瞭解一下，地區跟你上週提供給我們的不一樣嗎？測試開始的時間呢？」

「包含上週提到的地區在內，又追加了幾個新地方。時程部分有些個別的差異，會再分別創建 Ticket 指派出去，再麻煩確認。需求文件裡還有說明了幾個 UI 上需要修改的地方，希望大家可以閱讀一下。」

「謝謝。如果還有需要你解答的地方，我會再留言的。」

上午的 Scrum 會議上，我向團隊解釋了前一天晚上與營運團隊討論後的新測試時程。正在快速成長的公司，可能會面臨

不斷修改計畫的情況，這個時候 PO 就必須清楚傳達有變動的事項。

其他相關部門會透過 PO 傳達需求，如果排程有變動，也會透過電子郵件、訊息或電話告訴 PO。我平均每天會以各種方式收到 200 次以上的聯絡，還曾經一個下午每 5 分鐘電話就響一次。這種時候最重要的是記錄誰有什麼需求，或有什麼變動的事項。

假如 PO 沒有將測試對象或排程的變動傳達給開發團隊，就很可能發生重大錯誤，所以我總是 MacBook、便條紙與筆絕不離手。每當有人聯絡我時，我就會寫筆記，因為記憶力不可能完美無缺，如果不記筆記，就很難將資訊傳達給開發團隊。

開始一個新專案時，我習慣會撰寫文件或創建 Ticket。每當有變更事項時，我就會立刻記下來，在最短的時間內修改文件和 Ticket。修改完之後，我會立刻分享訊息，讓所有開發團隊的成員都能看見。假如開發經理已經指派好工作，我會想辦法讓該名工程師能立刻收到通知。

隔天早上的 Scrum 會議上，我會再口頭傳達變更事項，這個時候一定要經過討論，解釋變更的內容，直到開發團隊的所有疑問都可以被解答為止。如果遇到文件或 Ticket 無法提前修改的情況，Scrum 會議結束後我一定會立刻完成修改。雖然有

時候短短一天內，我會接連不斷有好幾十個以 15 分鐘為單位的會議或面談，但即便要用到我的午休時間，我也一定會把變動事項記錄下來分享給我的團隊。

「史蒂芬，上次我提出的開發狀況進度到哪了？」

「我好像不太記得了，請問你是在說哪一項開發？」

「我想查看演算法結果，所以申請了數據需求。」

「哦，對。你有在試算表上申請吧？上面應該會標示目前的狀況和 ETA。」

跟其他部門合作的時候，會因為各個部門傳達需求的方式不同而遭遇困難。有些人會寄送電子郵件，有些人會透過電話，有時候也會透過訊息傳遞。如果聯絡的方式過於多樣，PO 就很難專注在自己的工作上。打電話來詢問開發狀況，對於相關部門來說只是一次詢問，但對 PO 來說卻是一天數十次詢問中的一次。

若顧客或相關部門的需求隨時在變更，或大家聯繫的管道太多樣時，為了讓自己可以將有限的時間最大限度地投資在重要工作上，PO 應該要建立起最有效的溝通方式。

當我發現特定營運團隊頻繁提出需求事項時，就會立刻建立一個所有人都可以閱讀的線上電子試算表，然後使用郵件宣導以下內容：

1. 進入連結中的試算表後，請打開第 3 頁
2. 請填寫申請人的姓名、所屬部門與申請日期
3. 填寫完試算表後，請寄送郵件簡單告知自己已撰寫表單
4. 開發團隊討論完後，會計算出 ETA 並填入表單
5. 如果狀態顯示藍色，代表還在進行中；如果顯示綠色，代表已經完成
6. 完成之後，我會使用郵件將您所申請的資料寄送給您

當然，為了讓日後不再需要這種筆記式申請，妥善開發功能才是最根本的解決之道。但是，受先後順序的影響，完成開發還需要一段時間，在完成之前，像這樣統一溝通的管道對 PO 而言很有幫助，優點如下：

- 申請人不需要另外以電話或訊息聯絡 PO
- PO 可以定期透過試算表確認需求事項
- 把試算表共享給開發團隊，負責的開發人員也可以確認開發狀態
- 只要修改試算表的狀態或 ETA，所有人都可獲得最新的資訊

這種方式也可以統合開發需求事項。身為負責多個產品的

PO，各自合作的部門都不同。雖然我們會在與各相關部門的每週檢討會議上口頭傳達或接收需求，但有時也會使用郵件或訊息傳送需求，有時還會執行到一半就取消，所以我會針對每個產品，分別製作可以跟各部門共享的試算表。大部分 PO 在收到需求時，都會直接創建 Ticket，以保留下來為日後所用，這也被稱為是 PO 的開發待辦清單 (Backlog)[5]。但我個人偏好使用各別的試算表，讓相關部門、開發團隊以及我，可以在同一個地方清楚確認狀況。

建立完所有人都可以共同瀏覽的線上試算表後，我會在表單上設置以下幾列：

1. 申請日期
2. 申請者姓名與所屬部門
3. 申請事項或功能名稱
4. 簡述
5. 優先順序
6. Ticket 連結
7. ETA

---

[5] Backlog：實踐敏捷開發的要素之一，為了達成組織目標必須實踐的任務清單。

8.開發狀況

9.其他／備註

　　當相關部門有新功能需求時，我會立刻把內容更新在試算表上，創建好 Ticket 後再將連結貼上，同時記錄優先順序，讓所有人都能知道。下列是清楚標示優先順序的方法：

・P0：最優先進行

・P1：盡量必須完成

・P2：若完成會有幫助

・P3：沒有完成也不會有所阻礙

　　用這種方式創建試算表的話，有以下幾個優點：

・PO、相關部門、開發團隊，所有人都能在同一個地方確認最新資訊

・開發團隊可以直接閱覽連結上的 Ticket 確認需求

・相關部門可以確認目前的開發現況與 ETA

・週會時若主要討論試算表的內容，就能立刻反映修改的事項

如果 PO 只負責一個產品的話，試算表的必要性就沒那麼高。但如果同時肩負好幾個產品，不建立屬於自己的統整流程，就很可能會把時間浪費在溝通之上，所以最好可以像這樣建立試算表，整理出開發的一系列過程。

事情進展不順利而卡住的現象，被稱為瓶頸效應 (Bottleneck)。假如 PO 沒有辦法隨時認知到變動的狀況，或無法將資訊正確傳遞給開發團隊，PO 就很可能變成瓶頸。所以 PO 必須要清楚目前的狀況，決定好解決方案，盡可能有效利用自己的時間，明確傳達需求給開發團隊，讓相關部門可以輕鬆取得最新資訊；如此一來，所有人才能有效參與這份工作，為顧客提供更好的使用體驗。

實戰 TIP_04

屬於自己的待辦清單管理法

PO 如果持續不斷新增 Ticket 的話，很可能會遇到無法妥善整理的窘境。每一季最多可能會有數百個 Ticket 產生，想要一覽無餘並不容易，有時可能還要回頭搜尋上一個 Sprint 生成的 Ticket。但沒有任何工具，可以依照 PO 想要的方式，將要分派給開發者的 Ticket 進行分類與整理。

倘若 Ticket 上記錄的都是細節內容，那麼 PO 就需要一種彙整所有 Ticket，讓自己可以看見整體情況的方法。所以，PO必須要有屬於自己的待辦清單管理方法。其中最有效率的方式，就是使用類似於微軟 Excel 的試算表。請各位試著新增一個試算表，然後放入下面幾列：

功能名稱	功能說明	申請人	申請日期	完成日期	優先順序	狀態	Ticket
更新訂購數量	自動更新訂購頁面裡每個項目的數量	托馬斯	03/28	04/15	P0	開發中	〔連結〕

- **功能名稱**：與 Ticket 的標題一致
- **功能說明**：以一行左右的句子簡述細節

- **申請人**：記錄內部顧客、相關部門等人的名字
- **申請日期**：填入最一開始申請的日期
- **完成日期**：跟開發團隊討論後，填寫協議好的預期完成日
- **優先順序**：P0 是 Priority 0 的簡寫，表示重要性最高，通常還會使用到 P1、P2
- **狀態**：告知目前進行的狀態，標示未開始、開發中、開發完成、測試中、完成發行等
- **Ticket**：放上創建好的 Ticket 連結

　　完成發行的項目就可以隱藏，或把字體顏色換成淺灰色。如果想要更細緻地管理待辦事項，還可以新增好幾個如下的工作表：

1. **整體待辦事項**：羅列所有項目
2. **目前的 Sprint**：僅羅列目前 Sprint 中正在處理的項目
3. **過去的 Sprint**：僅羅列過去 Sprint 已處理的項目

　　雖然每次新建試算表時，都要辛苦地將項目複製貼上，但是像這樣整理完後，PO 隨時隨地都可以清楚瞭解開發團隊正在推動哪個項目，整理的過程中，也能幫助自己整理思緒。如果 PO 想在開發人員或內、外部顧客面前呈現出井井有條的樣

子，就必須先整理好自己。只要用類似於上述的方式持續管理
待辦清單，就可以輕鬆找到在什麼時候之前要完成哪些事的資
訊。

第 5 章

如何讓設計師
成為最佳夥伴？

設計師是可以呈現 PO 想法的最佳夥伴

「史蒂芬，我們上週新推出的設計改版測試進行得怎麼樣了？我看一下圖表吧？」

「請看這裡，流量比推出前一週上升許多，另外，購買人數增加的話流量也會自然增加，所以轉換率應該也增加了，這部分明顯上升許多。」

「哇！這是我們推出設計改版的那天吧？圖表一下子就上升了，真厲害。你跟工程師們說了嗎？」

「測試結束後我會告訴團隊的，辛苦了！」

跟我一起率領大規模設計改版的設計師，來到我的位置要求看測試相關指標。我立刻把畫面叫出來，他的臉上露出了喜悅；他獨立執行的全面性設計改版正被大量顧客使用著，並廣受好評，因而對此感到非常滿意。

要開發並優化一款能真正為顧客帶來高度價值的產品，設

計扮演著非常重要的角色。最適合顧客的設計，必須讓顧客可以方便地執行自己想做的事；設計在視覺上是否漂亮，會因為主觀因素而各有所好，但是令人感到方便的直覺性設計卻可以適用在大多數人身上。

我認為最棒的產品設計，要像這樣可以減少顧客的不便，如果還可以進一步融入公司所追求的事業方向，就會對達成 PO 設定的指標有極大貢獻。

對於負責產品前端（Front-end，能將 UX/UI 設計呈現為實際使用畫面的領域）的 PO 而言，設計非常重要；UI/UX 設計師是解析並具象化 PO 意圖的最佳夥伴。

如前所述，PO 這個職位並不負責設計。在完成與開發團隊共享的文件後，我會向設計師解說得鉅細靡遺，並設定要一起達成的目標。特別是要進行大規模設計改版時，我會藉由「指引原則」重點說明應遵循哪些事項。PO 要回應疑問直到設計師可以充分理解為止。

PO 不可以把自己想到的企畫強加給設計師，PO 的義務只在於告知對方要達成何種結果、過程中應遵守什麼原則；實際要以什麼方式推出到顧客面前，則應完全交給設計師。為了讓設計師可以在已經抉擇好的原則之下，產出最佳的成果，PO 不可以強求對方採用自己的想法，因為 PO 並不是設計的專家。

跟設計師合作的方式根據情況會有所不同，但是大致的流程如下：

1. 分享開發文件與 Ticket
2. 根據文件，解釋目的、原則、目標、主要指標、測試方式、日程等
3. 等待設計師完成第一次草案
4. 檢討第一次草案時給予回饋
5. 進行內部 Casual UT （Casual User Testing，給實際顧客測試前，以內部員工為對象所進行的使用者測試）
6. 等待依照反饋修改的第二次草案
7. 邀請實際顧客進行 UT
8. 等待依照反饋修改的最終方案
9. 所有驗證完成後，請求轉換成開發團隊可以作業的形式

在設計師完成草稿前，PO 不可以隨時要求設計師分享作業成果。要呈現給顧客的產品設計，每個元素與頁面都串連在一起，透過這些連結才會形成顧客體驗，要求分批檢視毫無意義，反而會阻礙設計師專注在自身業務之上。

相反地，我們應該在分享、檢討草案前，與設計師討論預

計完成時間 (ETA)。因為設計草案完成後我們才可以著手開發，最後才能將產品推出到顧客面前。

設計師在草案階段提出的需求，PO 都要盡可能立刻協助。若遇到需要將畫面上所使用的服務與選單名稱維持一致的狀況，PO 必須視情況跟其他相關部門討論後決策；舉例來說，顧客購買完商品後所寫的商品評價，要叫做商品評價，還是 Review，或者購買後記，都必須由 PO 決定。針對使用法則或是法律上規定須標示的句子，則要由 PO 與法務部門討論後提供給設計師。

不論如何，在第一次草案完成前，PO 必須相信並等待設計師。按鍵的位置、句子的結構、顏色等，都不屬於由 PO 定義的範疇。我會在下一節說明給設計師反饋的方法，但基本上，PO 必須把顧客體驗相關的決策權交給設計師。就像我們不會告訴工程師應該要怎麼寫程式一樣，告訴設計師要用什麼方式產出結果也不是正確的行為。

假如在草案作業途中，有需求事項發生變化，PO 要像告知工程師一樣，用最快的速度通知設計師，比照告知開發團隊變更事項的流程，透過修改文件或 Ticket 留下紀錄。

最重要的是，PO 要幫助設計師站在同樣的目標上工作。進行草案的過程中，PO 要透過 Scrum 會議等，進一步說明要

達成什麼目標，以及達成該目標會對顧客和公司產生什麼影響。

　　與工程師的程式碼不同，設計師的草案普遍來說比較容易理解，所以 PO 介入設計師工作的機率也相對較高。要記得，設計師是使用體驗的專家 ，PO 要盡可能幫助設計師產出最合適的成果。銘記設計師是將 PO 的構想和計畫測試方向具象化的夥伴，如此一來才能在明確的原則下，創造出優秀的產品。

這是方便又直覺的設計嗎？

「你可以把畫面再往上滑嗎？」

「你是說這個畫面嗎？」

「對。這個紅色警告會在畫面上顯示幾秒？」

「沒有時間限制。」

「可以幫我在右上方加入一個可以立刻關閉警告的×嗎？跳警告的意義是要告知顧客時間已經不多了，要快點行動。但是這個警告把使用者必看的資訊全部都擋住了。為了讓使用者可以立刻看到被警告擋住的資訊，要不要設定一個時間限制讓警告窗自己消失，或是增加一個按鈕讓使用者可以立即關掉警告窗？」

在設計草案檢討會議上，我向設計師提出了這個問題。在會議上，我會盡可能站在顧客的立場思考，在腦海中模擬實際的使用情況，思考哪裡會讓顧客感到不方便。雖然設計師是專

家，但是 PO 跟顧客之間有著緊密的關係，PO 也是顧客的代言人，偶爾站在和設計師不同的視角上反映問題，可以幫助公司開發出更好的產品。

「有辦法回到上一個畫面嗎？」

「這個畫面嗎？」

「對。這裡列出了四條給使用者參考的時間，分別是上午 10 點、下午 1 點、下午 6 點、上午 9 點，沒有依序羅列，想請問這個時間的排序有什麼邏輯性嗎？」

「已經結束的會跳到最下方。」

「使用者應該會在這個畫面上確認哪些東西已經完成、現在應該要做什麼事情，如果排列順序會依據進入畫面的時間不同而不斷改變，很可能會讓使用者困惑。反正各個行列的高度並不寬，就算顯示數量超過四列，也不會切到畫面下方的 BTF (Below the Fold)。如果改成依照時間順序固定排列，然後分別在右方用圖示標記每一項是否正在進行或已經完成，你覺得怎麼樣？」

為了製作出一款使用者不需要煩惱就可以輕鬆使用的產品，PO 必須要提出疑問。我個人絕對不會針對設計發表視覺方面的評論，我只會假設顧客使用時會有什麼感受，努力找出其中些微的模糊之處。

在約莫 1 小時的檢討會議上，透過螢幕畫面看著第一次草案，一邊持續提問並不難。不過我身為 PO，還要在極度專心的狀態下模仿顧客，在腦海中想像所有使用過程並提出來討論；並要排除掉所有自己的個人喜好，只討論使用上的狀況。

會這樣做主要是因為，草案是基於 PO 定義的原則而設計的，所以 PO 可以輕鬆瞭解整體的流程，但是對於第一次接觸的使用者而言，所有的一切都是全新的。而我們必須製作出這些顧客在不假思索的情況下，就能依照直覺使用的產品。所以，PO 要把自己放在第一次接觸這個產品的立場，探究畫面上呈現的所有東西。

經過這個過程後，偶爾也會有對此感到不爽的設計師。聽到對方不斷對自己的成果提出批判性的問題，無關乎職位，任誰都會覺得心裡不舒服吧。我曾經遇過一位設計師，跑來問為什麼我沒有在第一次檢討會議上保護他的成果，反而是從他人的觀點上一直對他提出批評般的質問，結果好一段時間不再彼此對話。但相反地，也有很多設計師願意欣然接受，認為這樣的提問可以讓他發現自己忽略的地方。

我在設計檢討的時候，都會要求自己遵守以下幾點原則：

1. PO 只代表顧客立場，應當排除一切的感情、關係等

2.針對打算開發的功能，要基於定義好的原則進行判斷

3.只以提問的形式對設計師發表意見，絕對不下達任何指示

4.提問後要傾聽設計師的意見，所有草案都是辛苦後的結晶

5.口頭討論的內容要做成會議紀錄，再遵循設計師偏好的方式
傳達給他

　　為了製作出最好的產品，有時候還是需要批評指教。雖然
站在個人立場並不想傷害同事,但我會用上述的原則提醒自己,
以中立的顧客視角進行思考和表述。

　　由於產品的種類多元，有很多 PO 從來沒有接觸過設計方
面的工作，所以第一次與設計師合作時，很可能會難以適應。
我為了訓練自己能夠以使用者的角度思考，使用過各式各樣的
手機 APP 與網頁，讓自己反覆練習回想使用感想的過程。現在
我的手機上，安裝了超過 500 個 APP， 還曾經一度安裝超過
1,000 個 APP，企圖試用所有電商、遊戲、SNS、音樂、Email、
相片編輯、金融科技 (FinTech) 等各領域的最新服務。

　　我認為這個方法非常有效。安裝好 APP 後，在加入會員或
初次使用的過程中，就能感受到哪一種服務比較方便、哪一種
APP 使用起來不太方便， 接著再分析兩者差異是從何衍生而
來。我甚至花了很長時間，在每家銀行辦帳戶，親自確認哪一

家銀行匯款的程序最便捷。我也會觀察哪一個手機 APP 的圖標最顯眼；我每天會改變好幾次 APP 的排列組合，思考為什麼某個圖標特別顯眼，同時也會確認 APP 圖標下方的服務名稱要寫什麼才會最吸睛。

在使用過程中，一開始一定要拋開所有想法，不帶任何批判性的立場，放空自己的腦袋，純粹使用這個 APP。因為大多數的使用者都不是 PO，他們都是在沒有過多想法的情形下安裝並使用。練習用一般使用者的觀點看事情很重要。

使用時，如果有感到方便或不方便的地方，就把它記下來，然後回到原點仔細觀察，這時我們會留意查看上面顯示的說明簡介、按鍵配置、使用的顏色等。面對相同的使用條款，某些服務不會令人有排斥感，但某些服務就是讓人不想同意它的條款。思考自己為什麼會有這種感受，就會開始培養出屬於自己的觀察能力。

最好也可以多方使用各種平台，我這邊所說的平台是指手機或 PC 這類經由特定程序和運作系統驅動的電腦系統。我個人主要都使用蘋果最新型的 iPhone，但在韓國，大多數人是使用谷歌的安卓系統。因此，使用主要服務的顧客大部分是安卓使用者。

但是 iPhone iOS 的設計體系與其他業者搭載的安卓 OS 非

常不同。 iOS 的 APP 必須遵守蘋果的人機介面指南 (Human Interface Guidelines)；安卓的 APP 必須遵守谷歌的質感設計指南 (Google Material Design)。 這就是為什麼一間公司製作同一個 APP，必須分別製作 iOS 和安卓的原因。所以我還有一個安卓裝置作為測試使用，因為在韓國的 PO 如果只使用 iOS 裝置，就只能理解約 20% 的顧客觀點。

要瞭解一般顧客立場時，我主要會使用智慧型手機，但製作產品的對象是內部顧客的時候， 也要看 PC 系統和瀏覽器不一樣時產生的各種因素。這裡我們所說的內部顧客是指公司內部的其他部門。

舉例來說，在 Korbit 客服中心工作的員工是內部顧客，他們所使用的產品，僅限於公司內部使用。雖然我在公司主要使用 MacBook ， 但是營運部門大部分都使用搭載 Windows 系統的 PC。身為 PO 的我，如果只使用 MacBook 確認針對內部顧客所製作的產品設計成果， 就常會遇到在 Windows PC 上設計「爆掉」 的情況。 要時刻記得 MacBook 與 Windows PC 的差異，對審核設計會有所幫助。

假如你目前已經有一款自己的產品，那麼最重要的就是你要比顧客更常使用該產品。商品評論是我在 Coupang 製作的產品之一，雖然這項產品沒有提供任何金錢回饋，卻可以維持大

量優質的商品評論。為了要達到這個目標，我盡可能地打造出用最直覺的方式新增優質商品評論的經驗。所以我在日常生活中，以 Coupang 顧客的身分購買各式各樣的商品，然後為送來的商品拍照，親自使用評價功能，自動自發地記錄下自己的感受。結果我獲得了數千萬名顧客中，只有持續撰寫最佳商品評價的 1,000 名顧客才可以獲得的首席評論家 (Top Reviewer) 勳章。我在體驗的同時，也架構出使用者觀點，多虧了這樣，我才能針對顧客體驗與設計提出更多見解。

請恕我再次強調，PO 跟設計師合作的時候必須代表顧客立場，徹底排除所有情緒與個人喜好，純粹以消除顧客可能感受到的不便為目的提出問題。在這個過程中，不要太在意是否可能會使同事感受不佳。

因為我們最優先的任務，是為顧客打造出一款最適合的產品，而不是照顧同事的情緒。但是我相信，當 PO 付諸努力領會顧客的想法，基於原則提出反饋和疑問，一起合作的設計師也必定會尊重 PO 的意見。

以同事為對象進行 Casual UT

「史蒂芬！可以借個 5 分鐘嗎？」

一位跟我關係很好的外國人 PO，突然走到我的位置，拉了一張椅子坐下，問了我這個問題。這時候，我的桌上已經放了一台他帶來的安卓智慧型手機。

「你用用看這個。」

「這是什麼？」

「不要問，你用看看，然後跟我說你的感覺。」

他說著，一邊把裝載了草案 Prototype 的手機朝我推近。他已經用手托住下巴，準備聽我接下來要說的話。

「我不知道這裡的數字代表什麼意義，完全不知道是依照銷售量，還是喜好程度排序，很疑惑。」

「那你覺得這是什麼排序？」

「應該是銷售量排名吧，但圖示跟標籤不夠明確。」

　　我將自己的想法據實以告。接著我繼續使用，同時毫無保留地告訴他我的感受，他把重點記了下來。但是，這段耗時幾分鐘的對話過程中，他沒有給我任何的提示或解答，僅僅問了我有什麼想法。

　　他要求我做的事，就是所謂的 Casual UT。在以實際顧客作為對象進行 UT 之前，以同事等內部員工作為對象，用簡化過的程序進行測試，被稱為 Casual UT。

　　我之後會再詳細說明 UT。UT 的意義是盡可能營造近似於實際使用的環境，監控使用者行動與想法的過程；而 Casual UT 則是將同事或身邊的人假設為顧客，觀察他們使用過程中的行為。

　　所以他在測試用的安卓手機上裝載了近似於實際驅動的 Prototype，然後非常仔細地觀察我的一舉一動。在和設計師進行第二次草案測試時，以及針對實際顧客進行 UT 之前，他透過這個過程來規畫要完善哪些有待改進的內容。

　　針對實際顧客所進行的 UT，相對要投入較多成本。我們必須要在目標客群中找到響應 UT 的顧客，事前向他們說明 UT 進行的過程，還要準備好面對面或遠距離進行時要使用到的場所與系統。PO 為了好好利用 UT 的時間，必須做好事前準備。

　　但是 Casual UT 可以用較低廉的方式獲得使用者的觀點，

只要準備好以下幾點就夠了：

1. 裝載好用 InVision 或 Flinto 等工具製作的草案 Prototype 的智慧型手機
2. 可以安靜對話的空間

　　所謂的 Prototype，是將設計草案中各個畫面按照順序串聯起來的檔案。舉例來說，如果第一個畫面上有三個選單，每個按鈕會連結到對應選單的畫面，當 Casual UT 受試者按下其中一個選單時，就可以有實際移動到該畫面的感受。盡可能模擬連上網路後實際執行 APP 的檔案，就是 Prototype。

　　你可以根據狀況選擇 Casual UT 的測試對象，可以找從未使用過該服務的同事，或是經常使用該服務的同事，也可以針對女性，或限定在 30 歲左右。從周遭友人中選出適合的測試對象後，請他們騰出 10 到 15 分鐘左右的時間即可。

Casual UT 的進行方式如下：

1. 「現在你打算要加入一項新服務的會員，請展示你會如何操作。」用簡短的說明開始測試
2. 觀察受試者的使用狀態

3. 當受試者在同一個地方停留許久，或是出現預期之外的行為時，可以問他「你停了很久，打算要做什麼嗎？」瞭解使用意圖

4. 盡可能不要打斷受試者，觀察他從頭到尾的使用狀態

5. 完成一次操作後，可以邀請受試者回到第一頁再試一次

6. 這時可以再問受試者「你剛剛按了這個按鍵，但為什麼又回到上一頁了呢？」等問題，瞭解使用意圖

7. 記錄受試者的感受

8. 最後，給受試者提問的機會，能說明的東西就為他解釋

　　PO 必須盡可能站在中立的角度觀察，不能因為受不了受試者的操作就給予提示。現實中下載完 APP 後，我們不可能在每一位使用者旁邊給他提示吧？要先假設受試者在只有一個人的情況下，觀察他的動作。

　　盡量引導受試者輕鬆地說出自己的想法，問他打算做什麼、為什麼停留在特定畫面上、正在想什麼等問題，會很有幫助。但是，所有問題都要以瞭解受試者想法的形式提出，絕對不可以含有任何提示。舉例來說，要盡量避免提出「你覺得按了這個按鍵的話，會出現什麼畫面？」諸如此類的問題。如果是由 PO 指出按鍵的存在與否，就無法驗證受試者有沒有認知

到按鍵的存在。

記錄並整理好透過 Casual UT 獲得的使用者觀點後，就可以分享給設計師。最有效率的方法是，由 PO 進行 Casual UT，設計師在一旁觀察。但是根據不同情況，PO 單獨進行測試後再分享給設計師也沒關係。

Casual UT 的目的是用相對便宜的方式，以最快的方法獲得使用者的實際感受。由於大部分情況下，受試者都是義務性幫忙，為了讓對方可以盡快回到自己的工作崗位上，建議測試時間最長不要超過 15 分鐘。

可以透過 Casual UT 確認主要使用方式和不方便之處，就已經非常足夠了。不要企圖在一位受試者身上獲得太多資訊，簡單快速地讓多位對象測試，並瞭解大多數人的感受，反而會更加有效。盡快地獲得反饋後，再接著以實際顧客為對象進行 UT，才能夠更有效地利用時間。

PO 在第一次進行 Casual UT 時，容易犯下在不知不覺間向受試者闡述自我想法的錯誤。「這樣操作起來方便嗎？」這類問題毫無意義，雖然 PO 希望產品操作方便，但這會使接受問題的受試者的思維被框架住，反而無法純粹地告知 PO 自己的感受。PO 要練習先把自己當成透明人，盡可能不提供任何資訊，只詢問受試者的感受。

時刻提醒自己測試的目的，你會發現沒有比 Casual UT 更有效率的辦法，如果把對方視為真正的顧客進行測試的話，就可以獲得很多預料之外的珍貴反饋。

實戰 TIP_05

意見和需求不一樣

PO 不是設計師。UI/UX 設計師具有專業知識，以及提升顧客體驗的能力，所以把 UI/UX 相關作業交給設計師是正確的選擇。

PO 必須要傳遞需求，所謂的需求包含產品要具備的功能、需要考慮的限制、要追求的目標等。PO 應該以顧客為核心觀點，客觀說明要提供什麼樣的使用體驗。

需求不等於意見，PO 不可以傳遞個人見解給設計師。PO 不是真正的顧客，PO 的意見是非常個人化的，會成為設計師製作出最佳成果的絆腳石。如果 PO 在裡面灌注個人想法，產品打從一開始就只能在有限的形態下被產出。

意見和需求不一樣：

意見

· 請採用年輕女性顧客喜歡的設計
· 希望按下這個按鍵後，這裡就會出現彈窗
· 希望文字大小可以放到最大
· 顏色請採用天藍色

需求

・顧客購買前，至少可以確認一次購買明細

・顧客結帳時，要能夠得知分期購買的方法

・如果顧客需要進一步瞭解，要引導顧客立即聯絡客服中心

・顧客註冊時，必須顯示以下兩點使用條款

雖然第一次、第二次草案測試完成後，PO 必須以顧客的立場給予反饋，但即便是這種時候，PO 也絕對不可以添加個人見解，而應該是把顧客體驗的必要需求傳達給專家，讓身為專家的設計師用最適合的方式將其融入產品之中。

PO 不是設計師，要時刻提醒自己該做的是客觀傳遞需求，因為當 PO 向設計師強調個人看法的瞬間，這個產品就不是為顧客而做，很容易就淪為為 PO 而做的產品了。

第 6 章

推動團隊合力產出成果的敏捷開發

●┈┈┈┈┈┈┈┈┈┈┈┈┈▶

落實專案執行的方法──
衝刺計畫會議

「史蒂芬，我看過你和開發團隊一起開衝刺會議後，有寫下幾點反饋，等一下，我找一下筆記。」

「你可以照實講沒關係。」

「好。首先，開發團隊肯定是非常尊重你的。我們公司有在進行『回顧』¹的團隊應該只有你們吧，我看其他組好像沒有在做回顧。看到你一一點出上一個 Sprint 中需要改善的部分，讓我印象非常深刻。」

「我認為透過回顧分享彼此的看法比較健康，也才能夠成長。」

「沒錯。你跟別人不一樣的地方就在於你嚴格地落實衝刺

---

¹ 「回顧」是敏捷開發的實踐方法之一。反饋的運作，是可以推動敏捷開發的最重要機制，由開發小組定期開會，回顧專案期間發生過什麼事、自己做事的方式怎麼樣，一起討論該怎麼改善會更好。

計畫會議，可以看得出你在團隊經營方面非常追求完美。其他 PO 在衝刺會議初期都是稍微進來聽一下就走了，但是你會堅持把所有東西徹頭徹尾進行解釋。我唯一擔心的點在於，假如組織擴大或團隊數量增加，還有辦法維持這種完美的經營方式嗎？為了進一步拓展你的影響力，我認為應該要改變這種完美主義的做事方式。」

　　從海外剛過來不久的同事說他想觀察我們團隊的運作方式，參加完衝刺會議後，他給了我上述建議。在這耗時一個半小時左右的會議上，他總是不發一語，只是在一旁觀察。他不確定我是不是能繼續維持這個方式，所以提出了這些意見。

　　當時我負責兩項產品，但不久之後，由我所負責的團隊和產品數量以倍數增加，但我依然還是追求與當時相同的衝刺會議方式，因為我相信這是 PO 的義務。

　　衝刺計畫會議 (Sprint Planning) 顧名思義就是計劃一個 Sprint 的會議。具有「短期衝刺計畫」之意的 Sprint，在敏捷開發 [2] 的團隊裡，是指以兩週為一個單位集中開發的意思。雖然根據組織的不同，也會有增加三到四週的情況，但主要還是以兩週為一個單位。計畫的時間抓太長，反而可能出現問題，因

---

[2] 源自於具有「敏捷、靈活」之意的英文單字 "Agile"，在這裡指打破各部門的界線，賦予團隊成員決策權力，迅速執行工作的組織策略。

此每兩週定期檢視一次成果，再繼續計劃下兩週。

Sprint 會集結成一個月，然後成為一季，最後成為一年。所以決定每個 Sprint 要做什麼，正確掌握好開發方向，非常重要。根據 PO 如何履行該職責，團隊的成果就會出現顯著差異。透過反饋將團隊運作緊緊綁定在一起，意味著我不想浪費每一分一秒的時間，但並不表示我要對一起合作的開發小組施加壓力。我認為 PO 的職責在於說明並說服團隊我們要一起達成什麼目標、優先開發哪個部分。所以每週一跟團隊一起開衝刺會議前，我從週日下午開始，就會花很長的時間做準備。

開始衝刺計畫會議之前，我會先整理以下幾個文件與開發團隊分享：

1. 前一個 Sprint 已開發完成的事項

我會用條列的方式，讓大家檢視過去兩週已完成開發或已發行推出到顧客面前的功能，並從影響最大的開始排列。接著整理出功能的名稱、相關的 Epic 名稱及 Ticket 連結、負責人 (Owner)、發行日期、主要事項等，範例如下：

安卓服務 UX 改版 UX Renewal

‧ TICKET-1000

‧Owner：負責開發者

‧發行日期：04/15

‧7 天測試後已完成 100% 應用

我會用這種方式表示我們已經完成了在 Epic 名稱 "UX Renewal" 底下的安卓 APP 改版。 我會像這樣把一個 Sprint 裡完成的事項，從 1 號開始羅列。衝刺計畫會議開始後，PO 會一項一項提及，解釋該項目對顧客與公司產生的影響，也會在此時同步分享主要指標，因為開發者和設計師等人應該要清楚知道自己做出了什麼貢獻。 PO 的角色就是在每個 Sprint 進行時，整理出這些細項指標。

2. 上一個 Sprint 中無法完成的開發事項

有時候會因為諸多因素，導致某計畫在一個 Sprint 內該完成的事項無法被達成，這些開發事項要額外整理出來與團隊共享，才能更好地理解下一階段 Sprint 的計畫。假如是開發計畫被取消，就只需簡短說明該計畫為什麼被取消即可。但如果是因為其他因素導致計畫完成的時間被延宕，就要告訴團隊下一個 Sprint 是否要繼續執行；像這樣在一個 Sprint 內無法完成，推延至下一個階段的情形，被稱為 Spillover。

撰寫無法完成之開發事項的方式和已完成功能的清單類似：

iOS 服務 UX 改版 **UX Renewal**
- TICKET-1001
- Owner：負責開發者
- ETA：04/15
- 為修正 QA 中發現的 Bug，APP Store 註冊時間延期

如果不是中大型錯誤的話，就沒有必要以批評的方式點出一個 Sprint 內無法完成的事情。我們的目的絕對不是為了批評任何人，而是要清楚地共享無法完成的事項。PO 只要明確告知無法完成的事項是否需要延至下一個 Sprint 開發即可。

3. 前一個 Sprint 中發生的技術問題或 Bug

有時，已經在提供服務的產品或新推出的功能會引發一些問題，像是出現錯誤或 Bug 等，如果會直接或間接對顧客造成影響，就一定要記錄下來進行討論。通常在發生這種狀況時，開發團隊馬上著手處理後，會額外開一場約 30 分鐘到 1 小時的「事故檢討會議」(Incident Review)，深度討論原因、應對方式

與改善對策等。

即使有額外召開事故檢討會議，我們還是要在衝刺計畫會議上再提一次，目的是要提醒大家當時發生的問題是什麼，為防止這種情況再度發生應該要怎麼做。

如果沒有發生任何技術問題，就可以把這個部分留白，鼓勵團隊在沒有任何技術問題發生的 Sprint 中表現良好。如果發生了有必要分享的 Bug，可以採用下述方式記錄：

iOS 相片無法上傳 5 張以上

- INCIDENT-2000
- 發生日期：04/12
- 對用戶的影響：04/12 早上 8 點開始，約有 20 分鐘左右的時間，試圖上傳多張照片的 iOS 用戶中，共有 000,000 位暫時無法上傳
- 04/15 已完成 Incident Review

做這件事情的目的在於提醒整個團隊認知到問題是什麼，避免讓問題重演，因此絕對不能批評任何人。PO 應該要主導對話，以中立的立場討論已經發生過的問題，讓所有人瞭解如何防範狀況再度重演。

4. 回顧前一個 Sprint

這個部分中,我會讓團隊成員各自記錄並互相交流前兩週感覺不錯、或需要改進的地方。我會在開衝刺計畫會議之前,請大家填寫好各自負責的表格空白處。

		表現不錯的地方 (Good)	需要改進的地方 (Need to Improve)
1	開發者 A 的名字		
2	開發者 B 的名字		
3	設計師的名字		
4	開發經理的名字		
5	PO 的名字		

我會做好如上的表格,把它放進文件中,請大家在會議前填寫好。

你也可以填寫你覺得自己表現得還不錯的地方,但主要目的是在於跟大家分享整體組織或其他人的貢獻,不要只專注在自己身上,而應放眼整個團隊,找出表現良好之處,期許所有人都可以在表現良好的地方繼續保持。撰寫方式如下:

「史黛拉讓品質測試自動化,減少了發行之前驗證的辛苦。」

「與平時不同，04/12 上午的照片上傳數量突然明顯減少。多虧
系統開發了可以偵測和跳出提醒的功能，讓我們能立刻發現並解
決問題。」

　　坦承地分享包含自己在內的團隊成員或整體團隊需要改善
的地方，並不是要批評任何人，而是為了團隊的成長，以及向
顧客推出更好的產品，而點出應改進的地方。舉例來說，可以
用下述方式撰寫：

「托瑪斯在跟其他團隊溝通的時候，只採用口頭溝通，導致對方
的開發團隊多次提問。日後如果可以用文件的方式記錄並分享給
對方，會改善這個情況。」

「每天早上的 Scrum 會議耗時愈來愈長 ， 希望大家能都再簡化
一點，盡量在 15 分鐘內結束，有需要的話，可以召集相關負責
人另外開一場會議。」

　　很多團隊成員會認為這是在批評別人，所以不太願意撰寫。
為了讓所有人都能夠參與 ， PO 與開發經理要一起營造好的氛
圍，這時 PO 可以先評價自己，說說日後要怎麼改善，也會有
所幫助。

進行衝刺計畫會議的時候，討論本次 Sprint 團隊成員所撰寫的內容之前，可以先瀏覽上一個 Sprint 的文件，花一點時間讓每個人逐一討論上一個 Sprint 中自己認為需改進的部分，接著說明自己在這兩週之間如何改善這些問題。為了不要寫完就把這些拋在腦後，兩週後再檢討一次，能促進團隊成員繼續找方法改善。

在討論過自己之前希望改進的部分後，再重新回到本次的 Sprint 文件，依序解釋大家表現良好以及需要改進的地方。這時，其他團員和 PO 也可以針對好奇的點提問，自由分享意見。

5. 本季 OKR 達成的狀況

如果公司每一季都有設定 OKR，或者是用其他成功指標來當作目標，就可以把這些指標羅列下來，花一點時間討論本週的進度。PO 要事先檢討每個 OKR，根據需求把相關的數值或圖表放入文件中。

所有公司都會根據特定目標進行開發，因此兩週為一個週期的 Sprint 是衡量 OKR 是否有達成可能性的機會。假如 OKR 看起來難以被達成，就要討論包含這次 Sprint 在內的時間內要做什麼樣的努力。因為開發團隊很難每天查看數值，所以 PO 要深入觀察，發現數值異常時就要分享給所有人。

6. 本次 Sprint 要開發的事項

整理接下來兩週要開發的事項,同樣依照重要程度排序,如同前述,P0 或 P1 的事項必定會位於列表上方,愈往下愈屬於附屬開發事項;如果有時間的話,甚至可以在最下方寫下要考慮開發的事項。

假如 PO 在這份衝刺計畫會議文件中只做一件事,那就應該是篩選這部分的開發事項。因為這個列表會決定接下來兩週要朝什麼目標邁進、該做什麼,以及為什麼應該做這些事。PO 要定義好優先順序,決定如何分配有限的開發資源。

撰寫格式與上一個 Sprint 中完成的列表相似即可:

iOS 服務 UX 改版 UX Renewal

- TICKET-1001
- Owner:負責開發者
- ETA:04/22

PC 登錄頁面改版 Usability

- TICKET-1002
- Owner:負責開發者
- ETA:04/25

　　這些內容可能因團隊規模大小而有差異，但主要可以條列十至十五項功能 。 PO 一定要解釋自己是按照什麼樣的優先順序撰寫這份清單 。 PO 的職責就是要綜合討論對用戶產生的影響、OKR 達成與否等，並清楚告知各個項目的重要性。

　　此外，PO 的職責還有提前新增包含各項目在內的 Ticket。因為開發團隊必須根據 Ticket 上詳細記載的內容，才能計算出各自需要多少作業時間。根據需求，開發人員也可以在 PO 新增的 Ticket 下，再直接新增子任務 Ticket。

　　如果可以根據這份文件進行衝刺計畫會議，就能幫助所有人理解未來兩週應該要做什麼，以及做這些事的理由。

　　有一些公司會乾脆不做回顧，或是單獨舉行一場回顧會議。但是我認為，為了回顧另外再召集一場會議很浪費時間，團員會為了參與這個會議分散在自己工作上的注意力；所以，我會在衝刺計畫會議中同步進行回顧。曾經有人提出，同時間進行的話可能會導致氣氛不佳，建議我另外再進行回顧，但到目前為止，我這樣的方式還沒有出現過任何問題。只要讓大家充分瞭解，回顧並不是讓大家彼此批判，而是要一起找出共同成長的方法，就不會傷害彼此之間的感情。

　　當團隊規模較大，或是同時開發多個專案時，我還會召集

事前計畫會議。這時，PO 會與開發經理、設計師、TPM 等極少數人一起事先討論要條列在文件上的開發事項。事前計畫會議的目的在於評估開發者與設計師的資源，討論與調整實際可以執行多少開發事項。假如因為休假，導致開發者資源不足，PO 可以在會議上推遲特定開發事項的 ETA，或者調整開發順序。此外，開發經理若判斷有必須要完成技術優化的事項，PO 也可以分享這個資訊，並把開發順序納入列表上方。例如，公家機關要求在特定日期之前一定要加載安全性功能，PO 可以重新整理列表的開發順序，將該功能納入其中。

請恕我再次強調，兩週一個循環的 Sprint 聚集起來，就會決定一個月、一季、一年的方向與成果，PO 要評估開發者與設計師等資源，決定出最好的開發順序，靈活運用有限的資源與時間，推出最有價值的產品給顧客時，也要為公司的發展做出貢獻。請時刻記得，每一個 Sprint 都要做足準備，才能夠獲得最多的成果。

完成日期應該定在什麼時候比較好？

「史蒂芬，你知道設計師什麼時候才會發出最終設計方案嗎？沒有這份文件我們無法開始進行開發。」

「為什麼不能開始開發？最終方案只會修正幾個小地方，整體專案與邏輯已經決定了不是嗎？不能先從後端開發著手嗎？」

由於公司打算開發全新的手機 APP，開發經理表示設計方案如果沒有最終定調，就無法著手開發。我不希望專案中有任何一個人會成為開發瓶頸，但是在那個情況下，我也不認為設計師是專案開發的瓶頸，所以我才反問了開發經理，因為就算最終版本的設計還沒完成，也可以先從後端開發著手。

計算開發所需的作業時間，就交給開發者與開發經理；計算設計草案所需要的時間，就交給設計師，但是 PO 絕不能無條件只聽他們的意見來決定開發完成的日期。 PO 要尊重並參

考他們的意見，但為了推出產品到顧客面前，並達成公司必須達成的目標，PO 仍須調整最終的日期。

PO 最容易犯下的錯誤之一，就是將 ETA 強加給開發團隊，或者反之，只仰賴開發團隊的意見來決定 ETA。

以前者來說，PO 會無法跟開發團隊維持良好的關係。這是因為，誰都不希望跳過計算所需工時的過程，被強迫地接受特定的完成日期。明明三位工程師需要開發 8 天才能開始測試，如果 PO 斬釘截鐵地要求在 4 天內完成，那麼雙方就很難合作下去。

我也曾經看過有開發團隊提出抗議，但 PO 因為覺得被冒犯、生氣或因應老闆要求，就強迫開發團隊一定要在這之前完成。這種情況，是 PO 在消耗自身權信的行為。如果遇到物理上根本行不通的日程，清楚解釋狀況並協調日程是 PO 的職責。絕對不能因為管理層的期望，就強求開發團隊遵守日程。在壓迫下製作的成果完成度不會太高，最終可能反而會為顧客帶來不好的使用體驗。

反之，過於相信開發團隊計算的日期來決定 ETA，也不是正確的行為。假如開發日程計算出來比預期長，PO 就應該和開發經理密切討論並瞭解開發時間為什麼變長。如果省略了這個過程，只聽信開發團隊計算的日程，直接通報給管理層或其

他部門，就表示 PO 沒有確切發揮自己的職責。

　　這種情況雖然不常見，但開發團隊也可能會想悠悠做事，所以故意把作業時間抓得比較寬裕，PO 如果全盤接受，這個團隊的成果相較之下肯定會比較少。

　　PO 必須不強求對方，也不被對方強求，要全盤考慮產品推出到顧客面前的日程、要達成的事業目標、開發團隊的條件後，討論出最適合的完工時間。

　　PO 必須適當反問為什麼不能符合日程，充分瞭解情況。假如可以去掉某個特定功能，或是推延到下一個版本，有可能就可以符合目前的 ETA；或是透過調整順序，把某個不必要的開發事項推延到下次，或把幾位工程師調到其他工作上；也可以把分配給設計師的其中一項業務推延，讓設計師可以更專注在完成重要性更高的專案上。PO 可以像這樣考慮各種可能性，與開發團隊和設計師開誠布公地討論，選出最適合的排程。

　　在有限的資源裡發揮最大的價值，是 PO 的職責所在。在跟團隊維持良好關係的同時，希望各位也可以努力透過反問和集中討論盡可能地達成目標。

可以回答所有問題的溝通技巧

　　「如果想要開發這個東西，就必須跟那個團隊合作，你知道這件事嗎？」

　　「所以我已經約好下週的會議了，要不你先把有疑問的地方寫下來，到時候在會議上確認如何？」

　　上午的 Scrum 會議中，工程師突然問了我這個問題，幸好我已經計劃好要開會，開發日程沒有受到影響。

　　有很多產品都要透過與其他開發團隊合作才得以誕生。這種情況下，PO 要盡可能提早知悉，並與另一個開發團隊的 PO 事先協調。該季度結束時，要先整理好下一季的 OKR 與主要開發事項，然後跟其他團隊的 PO 個別討論。因為 PO 之間要先一定程度地配合彼此的開發順序，開發團隊之間才有辦法合作。

　　達成協議之後，PO 要再選一個適合的時機召開會議，如

果可以的話，先針對想共同開發的功能撰寫一份文件並分享，也會有所幫助。即使不得已無法事先決定，在會議上也應該由 PO 主導，解釋為什麼要開發這項功能。由於要在雙方都充分瞭解的情況下才可以著手開發，PO 必須要回答所有的問題。

　　PO 絕對不能讓工程師直接與顧客溝通，或讓他們自己與相關部門協調。為了讓工程師和設計師盡可能專注在自身的工作上，PO 必須負責承擔溝通的責任。特別像 Coupang 這樣，物流中心散布在全國各地，工程師很難聽到現場負責人的意見，所以我會定期拜訪全國各地的現場，直接找相關部門的員工收集意見，然後在上午的 Scrum 會議或衝刺計畫會議上與開發團隊分享。

　　PO 必須打造一個不管工程師和設計師有什麼問題，都能輕鬆提問的環境。有會主動提出各式各樣問題的工程師、設計師和數據分析師，但相反地，也有不發一語安靜傾聽的團隊成員。面對比較活潑的成員所提出的問題，只要即時給予回覆即可，但如果跟話比較少的團隊一起工作，就必須要提前瞭解並做更多事前說明，然後一定要問「有沒有其他問題？」，引導他們提問。

　　「史蒂芬，你知道為什麼現場運作方式跟我們預測的不一樣嗎？」

「其實我也很想知道，我原本打算會議結束後去問一下。既然你先提了，可以騰出 2 分鐘的時間給我嗎？我現在打電話問一下負責人。」

常常在開會過程中，當開發團隊有想瞭解的疑問時，我都會盡快解決，在開會中途也經常會打電話給相關部門或現場負責人。雖然可能會讓人感覺有些不禮貌，但對 PO 而言，更重要的是盡快解決組員們的疑惑，以便清楚定義需求。

我個人不容許開發有任何停滯。如果狀況模糊不清、顧客需求不明確，或是有任何開發需求，我都會用最快的速度解決。因為我不希望自己成為開發的瓶頸，也不希望跟我共事的組員為不必要的事情擔心。

PO 必須比團隊成員看得更遠一點。我認為最好的合作方式是在工程師或設計師有疑惑之前，就盡可能事先解答所有問題，提供給大家參考。顧客想要什麼？合作的相關部門目前狀況為何？什麼時間之前要完成這項需求？事先預測組員們可能會問的問題，並準備好答案。也就是說，我們要盡可能地不浪費一分一秒，按照預定衝刺計畫進行開發。如果想要順利地將產品推出到顧客面前，PO 就必須事先回答所有問題，好讓團隊成員們可以專注作業。

實戰 TIP_06

衡量速度與可擴充性

PO 不是開發人員，雖然可能有開發人員的背景，但既然成為 PO，開發相關作業就應該交給開發人員；但這也不意味著 PO 不能對開發給予一點反饋。

產品主要都是以成長為目標而開發。當產品受到顧客歡迎時，服務規模會擴大，公司也會跟著擴大，如此一來便會有更多顧客使用公司產品。但是當產品無法容納大量顧客時，服務就可能會不如所願地被中斷，因此一定要將成長的可能性納入考量。

可擴充性 (Scalability)，這個詞再怎麼強調都不足為過。不僅要考慮目前的狀況，還要以未來服務可能會快速擴大兩倍、五倍，甚至數十倍為前提進行考量。但是，要實現具有強大可擴充性的架構（Architecture，電腦系統或程式碼的結構），可能需要相對較多的投資，必須考量更多問題、做更多驗證、投入更多時間、做更多測試。

PO 在追求可擴充性的同時，也要考慮開發速度。讓我們以一間已經蓋好的大樓做比喻吧。把建築物的外牆翻新、清潔玻璃，或進行小幅的裝潢相對容易，但是如果要重新打一個入口或增設電梯，就會比較困難，特別是當建築物裡面已經有居

民時，就幾乎不可能達成。

在已經有大量顧客正在使用產品的情況下，很難透過增設或擴充設施來改變產品的結構。對 PO 和開發人員而言，處理眼前需要改善的狀況很容易，處理的速度也相對較快。但如果只這麼做，這項產品就會難以成長，這時 PO 就要權衡速度與成長後做出決定。

PO 應該要問自己以下幾個問題：

・導入新架構時，所需時間內可以不做其他優化嗎？
・能夠管理好待辦事項，讓工程師完全專注在可擴充性開發嗎？
・現在是一定要立刻考慮可擴充性並堅持開發的情況嗎？
・對於現在和未來的顧客而言，什麼價值更為重要？

如果有打算優化可擴充性等架構，PO 也要考慮所謂的「延遲」(Latency)。延遲指顧客進入特定 APP 或網頁時，加載全部內容所需要的時間，延遲時間愈短表示加載速度愈快，顧客使用體驗也會更舒適。雖然根據個人網路或通訊網路的狀態，加載速度會有所差異，但整體來看，如果開發成果的架構優良，就可以減少延遲。

PO 要經常與開發團隊討論可擴充性、速度與穩定性等，管理好待辦事項，以便日後能在適合的時機進行大規模投資。

第 7 章

沒有比使用者測試更強而有力的數據

●‧‧‧‧‧‧‧‧‧‧‧‧‧‧‧‧‧‧‧‧‧‧‧‧‧‧‧‧‧▶

透過使用者測試完善問題

「一切都不錯，中間如果可以留點時間讓 UT 受試者自己滑一滑並思考一下會更好 。 不要馬上提出問題， 稍微觀察一下。」

「好，我知道了。下一位馬上就要開始測試了吧？我先回去另一個房間。」

這次不是 Casual UT ， 是以實際顧客為對象進行測試的正式 UT（User Testing，使用者測試），途中我暫時去了另一個房間，尋求專家的建議。進行 UT 的日子，我不知不覺間也會緊張起來。

PO 這個職業是要站在顧客立場， 思考如何提供更優良的使用經驗，但有時如果不直接傾聽顧客的心聲，也會錯過很多重點。所以在製作新產品或是要追加新功能的時候，建議一定要跑過 UT，因為 UT 可以有效率地確認被 PO 或設計師忽略的

事實。進行一次 UT 要投入很多心力。首先，設計師要按照 PO 的要求完成第一次與第二次草案，經內部討論與 Casual UT 後，將得到的反饋一起更新上去；再將接近於最終版本的設計，製作成要給 UT 受試者使用的 Prototype。跟做 Casual UT 時一樣，設計師也會使用 InVision 或 Flinto 這類工具完成 Prototype。

製作 Prototype 的同時，PO 就可以著手準備 UT。首先，PO 要定義好受測對象，並至少選出三位受試者，且依照受測的產品來定義受測條件。舉例來說，若要針對 Korbit 這類加密貨幣平台進行 UT，可以選擇從來沒有使用過加密貨幣交易的受試者，或者選擇交易量最高的年齡層中的重度交易者。如果要測試新導入的功能是否順暢，就應該選擇完全沒有使用過此服務的顧客；如果目的是提升交易頻率，需要測試使用的便利性，那麼選擇重度交易者就比較適合。無論如何，要先清楚定義條件後再邀請受試者。

接著，PO 還要預先整理好測試中需要驗證的項目。因為除了 PO 會親自主持 (Moderating) UT 以外，設計師與 UT 專業人員還會在其他房間觀察，為了讓他們也能確認狀況，PO 就要把所有項目整理成文件。假如有一間食物外送服務 APP 打算測試新的下單方式，你就可以事前將驗證事項依下列的方式整理出來：

	畫面	需驗證之事項
1	主頁面	・使用者瞭解如何在主頁面選擇食物 ・使用者可以在主畫面搜尋特定食物 ・使用者可以在主畫面下單上一次訂購過的食物
2	廠商目錄	・使用者可以從多數業者中選擇自己喜歡的餐廳 ・使用者可以從多種目錄中選擇一項進行跳轉 ・使用者知道如何進入特定餐廳的頁面
3	廠商畫面	・使用者可以確認菜單 ・使用者知道如何確認照片 ・使用者知道新下單按鍵的位置
4	下單畫面	・使用者可以確認欲下單之食物的價格 ・使用者知道下單時要使用的結帳資訊 ・使用者知道如何在下單時留下紀錄

　　整理成文件的目的就是為了讓 PO 在 UT 進行中，確認受試者理解主要功能。如果 PO 沒有驗證到主要功能，在其他房間觀察的設計師或專家也可以透過訊息提醒 PO。 事前把需要確認的事項整理好，可以為 PO 自己帶來幫助。

　　進行 UT 的方式可以分成兩種，一種是與受試者面對面進行，另一種則是透過連線的方式遠距進行。直接邀請受試者面對面測試的方式，對於受試者而言非常不符合經濟效率，所以在邀請上也相對困難。反之，以遠距進行的 UT，受試者最多

只要花 45 分鐘左右進行測試，因此答應邀約的機率高很多。

假如要以遠距的方式進行 UT，需要依以下步驟準備：

1. 在受試者的手機上安裝可遠端控制的軟體
2. 在受試者的手機上安裝測試用的 Prototype
3. 準備好電話，讓雙方得以線上對話
4. 在另一個空間準備好螢幕與電話，讓設計師與其他人可以進行觀察
5. 打開電腦通訊軟體，以便 PO 與設計師在 UT 中途進行溝通

UT 的目的在於觀察初次接觸新功能或新設計的受試者的使用行為。如果在過程中，受試者感到不方便，或出現預料之外的突發行為時，要盡可能瞭解原因為何，然後綜合這些反饋製作出最終版本的草案。我們把 UT 視為是產品實際推出給眾多顧客之前，事先透過模擬實驗，瞭解顧客反應的過程。

PO 要盡可能營造方便受試者使用的環境，大部分受試者會因不熟悉 UT 的過程而感到尷尬。在約定的時間與受試者開始通話後，PO 可以依照下列順序行動：

1. 簡短地與受試者打個招呼

2. 說明測試沒有正確解答，而是為了觀察使用行為，提醒受試者放輕鬆

3. 請受試者在使用過程中自由表達腦海中出現的想法

4. 若受試者有疑問，可以請他在完成所有程序後提出

5. 告知受試者測試預計所需時間

6. 「今天要確認您在點外送時使用服務的行為，請試著下單您想吃的食物」，簡短說明狀況後開始進入 UT 測試

　　從這時開始，受試者就會把裝載在智慧型手機中的 Prototype 當作實際 APP 使用，PO 跟設計師可以在各自的房間內透過遠距畫面確認狀況。受試者會從主頁面開始滑動，或跳轉至餐廳目錄。跟 Casual UT 一樣，除非受試者一開始就出現奇怪的突發性行為，盡可能不要干涉，讓受試者自行體驗整體流程。

　　我們在前面提過，UT 進行時，PO 盡可能不要給予任何提示，但可以使用類似下述的問題取得觀察結果：

· 剛剛您在主頁面停留約 5 秒鐘，沒有進行任何動作，而且發出了「嗯？」的聲音，請問您在思考什麼？

· 您把畫面滑至下方後，又快速回到上方，為什麼呢？

· 假如您想取消正在準備中的訂單，您會如何取消？

・剛剛您試圖想按這個按鍵，請問您期待按下去之後會發生什麼事呢？

　　PO 不可以透過問題引導受試者做出特定行為或回答。PO可以假設情境，再確認受試者會如何使用，但是要避免提出「如果點選畫面左上方的菜單，您認為會出現什麼畫面？」這類的問題，因為受試者可能根本不知道畫面左上方有菜單按鍵，這樣反而就告知了對方按鍵位置，同時也提前告訴受試者，點選按鍵就會跳出其他畫面。

　　進行 UT 時，PO 需要點出並觀察受試者的一舉一動，因此沒有太多閒暇時間，所以最好是由另一個房間的設計師來記錄受試者的行為。PO 可以在已經完成的文件右側留下一欄筆記欄，以便記錄。只要簡單地做好紀錄，就會對 UT 完成後的整理有很大幫助。特別是一天要進行三次左右的 UT 時，為了區分各受試者的行為，就一定需要做筆記。

　　測試完你預先寫下的待驗證事項後，就可以為 UT 畫下句點。但在結束 UT 之前，要請受試者暫時稍等，先透過訊息詢問設計師有沒有想追加提出的問題，如果還有其他想確認的事項，就可以再次假設特定情境後，觀察受試者的行為。

　　當所有程序都結束時，PO 可向受試者聊表感謝之意後再

結束通話。完成所有受試者的 UT 後，PO、設計師與其他參與觀察的人員會齊聚一堂，進行檢討（Debriefing，聽取該工作相關負責人的匯報）會議。此時，大家會分享彼此觀察到的事、從受試者身上看到的特殊要點，以及草案中必須完善的事項。

為了一次就確認好自己所設定的假說是否正確，PO 要盡可能活用 UT，在產品推出到廣大顧客面前之前，與幾位顧客先進行 UT，就可以有效判斷出其中存在的共同問題。在推出優良產品的過程中，UT 是非常重要的階段。

快速分享反饋可以賦予動機

「昨天我們與三位顧客進行了 UT ，我先與各位分享觀察到的重點。」

「可以先說一下他們的反應如何嗎？」

「他們有按照預設的方式使用，沒有太大的問題，只要微調幾個地方應該就可以了。我現在先把重點分享給各位，其餘詳細的反饋，等會議結束後會再用文件的方式分享給大家。」

進行完 UT 的隔天上午，我在 Scrum 會議上與組員們分享了測試重點。由於只有 PO 和設計師會看到 UT 進行的過程，所以要另外整理文件給開發團隊。如此一來，開發團隊才能知道哪裡會變動，設計師大概要再花多少時間才能給出最終方案等。這是大家一起製作的產品，因此理所當然要跟所有人分享 UT 中獲得的反饋。

UT 結束後，為了重新喚回記憶，我會立刻瀏覽設計師所

寫的筆記。接著，我會基於 UT 進行前所編列的測試項目，撰寫 UT 反饋文件或電子郵件，範例如下：

UT1：三十歲女性，初次使用		
畫面	觀察筆記	修正事項
1　主頁面	・對首頁出現的橫幅有點困惑 ・花費時間在確認目錄 ・可以直覺、妥善地理解搜尋功能 ・雖然沒有滑動頁面的必要，但仍試圖滑動頁面	加大橫幅尺寸 新增目錄圖標
2　廠商目錄	・雖然不理解餐廳排序的依據，但並不介意 ・無法認出更改排序依據的圖標 ・希望從外送費較低的店家開始查看	更改排序圖標 標示排序依據
3　廠商畫面	・希望菜單底下有細項分類 ・希望可以過濾特定價格區間的食物 ・認為如果有搜尋菜單的功能會更方便 ・瞭解最低下單金額 ・選完食物後，不知道距最低下單標準還差多少金額	新增細項分類 標示金額差距
4　下單畫面	・下單處理流程順暢 ・對於信用卡下單方式理解程度高	無

　　根據每位 UT 受試者的情況分別填寫這些內容後，就可以分享給整個開發團隊；其中最重要的，就是告訴團隊有哪些需要修改的事項，也可以幫助 PO 在事前跟設計師討論，決定最終方案的 ETA。特別是當開發團隊需要開發邏輯時，在這個階段就應該要快速、準確地將 UT 反饋傳達給他們。

　　分享反饋給開發團隊是 UT 很重要的目的，但整理這些資訊其實還可以帶來其他附屬效益。例如，日後管理層或其他部門問起某個特定功能時，就可以找出先前記錄的反饋，解釋為什麼決定採用某個特定方式。尤其，如果三個受試者都給了相同反饋，那麼合理性就很高。

　　雖然準備和執行 UT 的過程非常辛苦，但是盡可能快速地整理出結果並傳遞給開發團隊也是很重要的工作。在進入下一個階段前，為了讓所有人的理解聚焦在同一條線上，PO 要盡快進入記錄與口頭說明的程序，這樣才能在日程毫無拖延之下，推出完善到讓實際顧客都能滿意的產品。

Sprint 期間中什麼時候做測試最有效？

「這次 Sprint 只剩下 4 天左右，修正的事項什麼時候可以完成？」

「大概再 2 天左右應該就可以完成修正版本。檢討完之後，我會製作開發版本分享給工程師們。」

「好的，那我馬上去協調，從下個 Sprint 開始進入安卓開發。」

分享完 UT 結果後，我跟設計師討論最終修正版本什麼時候可以完成。因為 UT 主要是在第二次草案完成後進行，所以大概可以預測新的設計改版要從什麼時候開始。也因此，從幾個星期前跟開發團隊和設計師進行衝刺計畫時，就要事先決定好 UT 結果出爐後要花多久時間更新，大致上最多會用 5 天的時間完成。

設計師必須先把 UT 的反饋更新上去，開發團隊才可以開

始前端（Front-end，類似於用戶所使用的介面）作業。因此，
計劃要做 UT 那週的 Sprint 期間，只能夠進行後端（Back-end，
實現介面功能的數據庫與伺服器）作業，等到最終版本完成之
後，才能夠正式著手進行前端開發。所以說，設計師在製作最
終版本的這段時間，開發團隊可以專注在其他事情上。

　　PO 必須像這樣，在進行衝刺計畫時，就事先考慮各種變
數。如果進行了 UT，卻沒有排出更新反饋的時間，開發團隊
的計畫日程便可能會突然需要調整。如果想讓 Sprint 可以如行
雲流水般順利進行，PO 就必須事先確定 UT 日程，並計劃好依
照反饋修正所需的時間。

　　其中最有效率的方法，就是在 Sprint 期間內的星期五或星
期一進行 UT。如此一來，當 UT 結束時，PO 整理完結果並分
享出去後，設計師還有 4 到 5 天的時間可以製作最終版本。接
著，下星期一要開始新的衝刺計畫時，就能夠不打亂時程持續
進行開發。

　　假如 UT 結果不夠理想，就需要在設計作業上追加投入大
量時間。PO 要立刻與開發經理一起討論變更日程，因為下一
個 Sprint 已無法著手進行前端開發，為了讓前端工程師可以在
最終版本出來之前先做其他工作，開發經理會從待辦事項中選
取重點工作，在進行計畫時分派下去。

　　最壞的情況是，UT 結果非常不好，除了設計以外，可能
連後台邏輯都必須更動。這種時候就要立刻與開發經理討論，
中斷正在進行中的開發，定義新的邏輯需求。為了盡可能不要
浪費任何資源與時間，PO 要快速記錄下變更事項，與開發團
隊一起定義新的邏輯。

　　如果重新設計的草案跟 UT 所使用的 Prototype 差距甚大，
就必須重新進行 UT。對於差距多少才需要重做 UT，目前並沒
有什麼標準，倘若 PO 與設計師討論之後，認為根本的流程或
邏輯產生了改變，就應該馬上計劃第二次 UT。改變按鍵位置、
顏色、內容等，我們視為是小改；但如果需要改變選單結構、
畫面出現的順序等，最好就要重新執行 UT。

　　從 UT 完成到實際開發的過程中，PO 需要考慮的因素非常
多。請大家盡可能密切地與開發團隊和設計師討論，協調 UT
反饋修改的日程，避免浪費開發資源。假如設計需要大幅變動，
也請不要慌張，只要著手計劃新的 UT 排程就好。雖然，我們
需要抱持著盡快推出產品的心態，但最重要的，還是要優化出
一款可以為顧客帶來最佳使用體驗的產品。

實戰 TIP_07

UT 不是問卷調查

作為使用者測試的 UT，目的不在於詢問大多數人的意見。UT 是在一對一的環境下，觀察一位顧客使用產品的狀態，直接接觸顧客的想法，並從中歸納出見解。UT 完全不同於以下幾點：

· **問卷調查**：針對特定或不特定多數人，以問答形式進行。調查時無法看到對方使用產品過程中發生的狀況。通常會透過問卷或網頁調查，由於不會直接看到回答者，因此無法看出對方實際的語調或神情；如果沒有妥適設計問題，就無法獲得具參考性的意見。問題中通常會給出幾個選項，以便瞭解多數人的喜好。

· **焦點小組**：召集六到八名人員，由一名主持人提問，一次獲得多數人的意見。這個方法難以立即確認每個人如何使用產品，也無法隨時瞭解每個人的想法。尤其，當好幾個人同聚一堂時，特定意見可能會受到他人影響。PO 無法仔細瞭解顧客的感受和想法，也很難無條件地相信他們的答案沒有蘊含任何雜質。

　　UT 的目的不在於獲得許多人的意見 ，而是要在顧客直接使用產品時，以最近的距離觀察對方每個瞬間所出現的行為、表情、情緒和意見等。所以說，光是與一個人進行 UT，就不是一件簡單的事，連續進行三次的話，還可能累得筋疲力盡。大家可能會以為，一口氣將問卷調查灑給多數人，或讓好幾個人齊聚一堂，做起來會比較有效率；但是這麼做的話，就無法確認顧客使用產品時的真實情況。

　　對 PO 來說，UT 最有幫助的事情之一，就是能觀察顧客實際使用產品的狀況。PO 或 UX 設計師認為最佳的方案，實際上可能並不是最好的。顧客在親自使用產品時，所說的一字一句都能帶來莫大啟發，沒有任何數據能與之匹敵。

　　請務必不要混淆 UT、問卷調查與焦點小組，並且應當珍惜能直接看到顧客使用產品、並隨時提問的機會。

第 **8** 章

推出產品的最佳時機

•·········►

決定釋出日期前，
記得要考慮上架平台

「那麼釋出日程呢？」

「日程？沒有這種東西，我們就是每次開發完就釋出。」

「不決定特定日期，完成就釋出嗎？所以沒有熱修復
(Hotfix) 的概念嗎？」

「對，就是完成開發與測試後就立刻釋出。」

剛轉到 Korbit 任職時，我問了一位外國工程師關於釋出日
程的問題，但 Korbit 似乎還沒有這樣的制度。

所謂「釋出」，是指開發完成後經過產品的品質或功能測試
(Quality Assurance, QA)，如果被判定是完成狀態，就意味著可
以提供給顧客使用。所有開發的終點都是釋出，如果是新產品
的話，釋出日期就會被稱為上市或公開日期。

然而，不分時刻地「釋出」具有風險。如果是大規模的產
品，就很可能發生多個團隊同時嘗試釋出，如此一來會增加發

生技術性問題的可能性。每次發行都會有新的程式碼版本，如果沒有依照特定週期，而是有需要就釋出，那麼連版本管理都會變得很費力。除此之外，在沒有充分告知顧客的情況下，就隨時改變功能和設計，會使顧客體驗難以保持一貫。

決定釋出週期對各方面都很有幫助。一般會建議兩週定期釋出一次，因為大部分的 Sprint 都是兩週一個週期，在 Sprint 結束當週的星期四發行會比較安全。這是因為，安排在星期四釋出的話，假如釋出後發生問題，還可以利用星期五進行修正。這是確保 Sprint 結束之前，能有最多開發時間，又同時保有後續修正時間的理想排程。

如果在 Sprint 中途發現目前的產品出現問題，且必須要盡快解決時，緊急修正後發行穩定版本的動作被稱為 Hotfix。理想情況下，應該在每兩週一次的固定釋出週期中間的星期四釋出 Hotfix。如此一來，我們就可以把當週需要修正的內容放入 Hotfix 的版本，來不及的話，就還是可以在固定的釋出日期釋出。

但如果是非常緊急的狀況，就要馬上進行 Hotfix。我們一定會遇到必須要忽視釋出排程，直接套用修復版本的情況。這種時候，PO 要跟開發團隊討論好再做決定。如果是會嚴重影響顧客體驗的問題，最好就要立刻修復。

決定釋出日程的時候，也應該把要上架的平台納入考量。一般來說，產品主要可以在安卓、iOS、PC 等三種平台上使用。PC 平台上使用的產品，大部分都是網頁形態，可以透過瀏覽器連接使用，所以釋出日程相對自由。只要新版本釋出，顧客在連接到瀏覽器的瞬間就能看見新功能，因此開發團隊只需要協調好釋出日期，也不需要透過任何機構驗證。

但是，安卓或 iOS 的情況就有點不同了。安卓相對來說非常自由，當新版本一釋出，幾乎就可以立刻從 Google Play 上下載或更新了。經營 iOS 系統的蘋果則相對保守，如果要釋出新版本，就必須先經過蘋果檢驗，沒辦法立即推出到顧客面前，且必須獲得蘋果 APP Store 允許才能下載或更新。

想要推出同樣的功能到顧客面前，安卓與 iOS APP 的釋出日程肯定會不同。一般來說，安卓只要根據每兩週一次的固定釋出週期來更新就好；但是，iOS 就必須考慮 APP Store 驗證的時間來抓釋出日程。

韓國的安卓使用者較多，因此可以先上傳安卓 APP，等幾週後再上傳 iOS APP。先解決安卓發行後發現的所有問題，也有助於穩定應用在 iOS 版本上。

PO 不可以因為急於想推出新產品而隨意決定釋出日程，遵守以下幾點原則的話，會很有幫助：

- 先確認開發團隊是否有決定好釋出日程或程序
- 如果需要跟其他團隊合作，要盡快事先討論好釋出日期
- 盡量不要在深夜或星期五釋出

　　最後一點原則非常重要。如果只是因為要遵守時程而在深夜釋出，為了要確認狀況或預防問題發生，負責組員就需要留守到很晚，或是需要一兩個人留下來觀察。無論對 PO，或對開發團隊都會造成不便。如果選擇在星期五釋出，也會遇到類似的問題。倘若星期五下午釋出的版本出現問題，除了星期五，連星期六都有可能要繼續處理問題。如果時間拖到太晚，不妨就延期至隔天；如果是星期五，就延期到星期一吧。

　　某些產業中，有些事項必須要告知顧客。舉例來說，因為金融科技產業受公共金融機構規範，如果要追加或刪除某項特定功能，就有義務要在 7 到 30 天之前告知。即便沒有告知義務，套用新功能時，為了避免造成顧客困擾，也可以考慮事前公告。在這種情況下，就要先跟負責告知和公告的法務部、客服中心等討論，考量他們的意見後再決定釋出日期。

　　有些公司可能會禁止在使用率或銷售量激增的時期改版。因為在這個時候釋出新版本，如果發生技術問題，反而會造成大量顧客的不便。公司也可能會考慮在春節、中秋或年底等特

215

定期間禁止改版。若以外送服務為例，由於訂單量會在特定時間內湧入，因此也可以避免在該時段釋出新版本。而遊戲、加密貨幣交易平台則是從晚上到凌晨之間的使用率最為活躍。因此，建議可以考量每個產品的使用率高峰期，避免在該時段釋出新版本。

在產品上線之前，PO 要考慮的事情非常多；根據各個平台排定日程、應對可能會發生的問題、事前通知等，PO 要做足許多準備。安排好固定的釋出時程雖然會有幫助，但為了解決突發問題，也要盡可能決定好 Hotfix 的釋出日程。

雖然 PO 都很希望能盡早推出新功能，但是，為了提供良好的使用體驗，PO 要隨時隨地與開發團隊和其他部門討論，盡可能有計畫地安排好釋出日程。

運用 A/B 測試分散流量

「預計 B 組會在一天後從 5% 調升至 20%。」

「好的，我會從數值達到 5% 的時候開始監控。」

「我也會持續觀察數值，假如系統有什麼異常的話再通知我。」

推出新版 UX 的當天上午，我在 Scrum 會議上向開發團隊宣布後續計畫。我們已經完成發行，我選擇了慢慢釋出新設計的方法。

就像我們前面提到的，如果公司有 A/B 測試平台，就可以分散使用者流量。所謂的「流量」(Traffic)，指的就是使用產品的使用者。通常我們會用下述的方式分散流量：

・A 組：不適用新設計或新功能的使用者
・B 組：適用新設計或新功能的使用者

一般來說，A、B 組是隨機劃分的。這樣一來，以後要比較各組數值時，才能獲得有意義的統計結果。我會在後續章節再詳細說明 A/B 測試。

某些情況下，B 組也可能是由人為方式劃分的。如果只想先向 VIP 顯示新版本，就可以利用使用者 ID 或手機裝置的識別號碼將其編入 B 組。另外，如果想先以公司內部員工進行驗證，就只要把他們納入 B 組即可。

發行新設計或新功能之後，就立刻讓所有使用者使用，是很危險的。當然，有時也會因為有法律義務，而必須要在特定日期同步推出。在 Korbit 時，也曾因為要遵守金融機構的規範，必須得在特定日期推出新功能。

但若是一般情況下，就建議循序漸進地提升曝光率，先針對少數人釋出，如此一來便可以觀察系統或公司銷售等數據，檢視新功能會不會造成負面影響。假設出現問題，就可以將 B 組關閉，讓流量全數聚集在 A 組，這種方式被稱為開關 (On/Off) 轉換。

當我要分階段釋出一項功能時，通常會遵循以下時程：

	A 組	B 組
第一階段	95%	5%

第二階段	80%	20%
第三階段	50%	50%
第四階段	20%	80%
第五階段	0%	100%

前兩天先漸漸確認狀態，先投入 5% 的流量在 B 組，對他們推出新設計或功能，這代表實際產品使用者中有 5% 的人會有與現在不同的體驗。

最多可以花費一天的時間檢討各項數值，觀察 B 組的使用率有沒有銳減、人均銷售量有沒有減少、系統錯誤率有沒有提升等問題。如果沒有特別的狀況，隔天就可以把 B 組的人流提升至 20%，接著再花一天的時間觀察相同的數值。此時也要跟客服中心合作，確認顧客發問或客訴案件的增加率。如果客訴明顯增加的話，代表其中可能含有開發團隊沒有意識到的問題。

如果前兩天都沒有發生問題，第三天開始就可以把 A 組和 B 組分為 50：50，讓一半的實際顧客使用新的設計或功能。從這個時間點開始，為了取得有效的統計分析樣本，至少要維持該比例 7 天以上。PO 在這段時期也要隨時隨地確認數值，因為中間也可能會有突發狀況，所以千萬不可以掉以輕心，要保持警戒持續觀察。

即使這段時間沒有發生問題，我也不會立刻把 B 組調成 100%。我會花至少 3 天左右把比率調成 80%，再確認一次數值，因為 B 組流量快速增加時，可能還會發生無法預期的問題。

經歷所有過程、約莫兩週以後，我才會將新設計或新功能釋出給所有顧客。像這樣經過逐步反覆的驗證後，再上線新設計或新產品，會比突然完整上線給所有顧客要來得更加穩定。

如果遇到無法像這樣分組分散流量的狀況，就只能保持警覺。遇到技術問題，或是基於其他法律義務因素，而必須立刻 100% 上線時，PO 必須隨時準備還原。

所謂「還原」(Rollback)，是指降回以前的版本，還原時會選擇以前營運下來最穩定的版本。還原後，還要再經歷一次確認問題、修正問題、重新發行的過程。

為了承擔這些風險，PO 必須要跟開發團隊協調，建構可以分散和調整流量的環境。A/B 測試非常重要，因此運用 A/B 測試平台最有效率，後文會再詳細說明。

推出新設計或產品的時候，PO 要盡可能避免 100% 這個數值。如果是使用者數量非常多的服務，100% 適用帶來的風險會更大。我們必須要循序漸進地釋出，確認各項數值，以穩定的方式適用新設計或新功能。比起盡快推出產品，推出穩定的產品會帶來更好的顧客體驗。

內部員工也是顧客

「您好，我是史蒂芬。」

「嗨，史蒂芬。上次您說會優化演算法的設定方式，我想瞭解一下情況，所以致電給您。」

「好的。因為目前還在測試中，我預計下星期會寄信跟大家講解，下星期開始就可以使用新的方式了。關於使用方法，我會一起寄一份說明文件，您看過之後如果有任何問題請聯繫我。」

我回到辦公室座位時，現場負責人剛好打電話過來，而我也親切地向他解釋，因為他對我來說也是重要的顧客之一。

這世界上有著各式各樣的產品。大多數使用產品的人屬於一般民眾，也就是顧客。我是 YouTube、網飛、亞馬遜的顧客，因為我是他們的產品使用者。

PO 除了要面對像我這樣的一般顧客以外，也可能要面對

內部顧客，其中包含了使用 PO 所負責產品的公司內部團隊、外包業者、客服中心員工、配送人員等。不同於公司向大眾提供產品，使用著公司為內部營運而提供的產品的人，就被稱為內部顧客。

　　大部分內部顧客所使用的產品，都是為了輔助對外服務的運作。內部顧客會使用的產品舉例如下：

・食物外送員確認訂單時所使用的 APP
・客服中心管理顧客疑問時所使用的程式
・行銷團隊在手機 APP 上推播廣告時所使用的工具

　　要聯絡一般顧客相當困難，有沒有一種有效的方法可以聯絡高達數千萬人的顧客，並一一向他們解釋新功能？當然，我們可以透過電子郵件、通知或橫幅廣告等方式進行介紹，但是所有顧客都會一一確認公司寄來的電子郵件、通知或橫幅廣告嗎？

　　所以說，針對一般顧客使用的產品，我們要盡可能直覺化地設計，即便沒有個別解說，也能讓他們立刻理解並妥善使用。這也是為什麼大部分 UX 設計師都會參與針對一般顧客所開發的產品。

　　反之，要聯絡內部顧客就相對容易，可以寄電子郵件、可以拜託經理召集所有人開會解說，也可以透過教育訓練，引導對方瞭解新功能。內部顧客使用的產品當然也需要經過直覺化設計，但即便沒有 UX 設計師參與，由 PO 與開發團隊直接企劃開發也不會有太大問題。我在製作公司內部顧客使用的產品時，非必要的話，會盡可能避免使用設計師的資源，因為優化一般顧客的產品體驗，比改善內部顧客的產品體驗更加重要。

　　因此，每次更新內部顧客使用的產品時，我都會發電子郵件通知。為了不讓新功能造成營運上的混亂，我會盡可能在預定更新日的幾天前就發送通知，內容如下：

- 功能的名稱
- 開發原因
- 預計上傳日期
- 使用說明
- 問題排解方法

　　其中最重要的就是使用說明，因為 PO 必須具體說明新功能應該如何使用。我通常會使用可以線上讀取的 Power Point 製作，要盡可能具體呈現，才能減少個別提問的頻率。當我實際

去現場走一圈時，經常會看見我製作的使用說明書被列印下來放在桌上。像這樣一次性地將說明內容整理成文件，若有新進的內部顧客，或是其他部門想熟悉使用方法時，只要簡單傳一個連結給他們就行了，非常方便。

再來，第二重要的就是發生問題時應該如何排解的說明。一般顧客在使用產品的過程中發生問題時，會致電給客服中心，或者在 APP 上發文詢問，但是內部顧客有時會不知道自己應該聯絡誰。

所以我會在公司內部的通訊軟體上，為使用產品的內部顧客創立群組，裡面除了內部顧客以外，還邀請了負責產品開發的團隊。如果新功能發生什麼問題，就可以透過群組說明使用。

PO 要負責各項產品，所以很可能會成為各項產品的一人客服中心。內部顧客可以透過公司系統取得我的個人電話號碼，因此會隨時打電話給身為 PO 的我。無論早晨、深夜、凌晨、週末或國定假日，都會有電話打進來，我的電話就像 24 小時全年無休一樣，隨時對外開放。有時雖然很辛苦，但他們若不是相信 PO 可以解決問題，根本就不會打過來；因此，聽到這些同事的聲音，我都會很盡心盡力地回答。因為內部顧客也是很重要的客人，唯有內部顧客能順利運用產品，才有辦法提供一般顧客最好的使用體驗。

實戰 TIP_08

建立正確的產品釋出文化

PO 的立場一定與開發人員不同。PO 想盡快推出新功能，反之，開發者更希望推出完成度較高的成品。PO 希望釋出日期可以稍微提前，而開發者則期望有更多時間開發和進行內部測試。

PO 會和許多開發團隊一起合作。其中，有些開發團隊為了盡快發行，會自動自發地投入更多時間，配合緊湊的釋出日期。但同樣地，也有團隊會在釋出日期已近在眼前時，嘗試用各種理由說服 PO，表示難以按時釋出。

這個時候 PO 就要採取適當的應對：

- **追求速度型的開發團隊**：不辭辛勞持續加班，想要盡快完成釋出的開發團隊，從表面上看來是好的，但從長期來看將難以維持，總有一天會因為疲勞堆積，導致大大小小的 Bug 發生。當開發團隊說「我們目前正在開發，明天就可以釋出」，身為 PO 聽了可能會很高興，但要記得，一定要再確認能不能滿足所有需求、有沒有充分進行測試、有沒有考慮到可擴充性等。雖然，盡快推出新設計或新功能很重要，但也應該要培養出從長計議、協調適當釋出日期的文化。

225

- **追求穩定性的開發團隊**：說著本來打算釋出卻遇到問題、進一步測試後又發現問題，不斷說服 PO 延遲釋出日期的開發團隊，同樣也沒有可持續性。互相協調出來的釋出日期是一種約定，只有迫不得已時才能違反約定。如果 PO 具備完整的釋出知識，就會比較容易應對，但即便沒有專業知識，也一定要持續反問對方為什麼必須延期，確認這個原因是否真的無法避免，並採取行動防止日後發生同樣的問題。一定要記得，製作品質優良的成品和掌控釋出速度都很重要，應當要具備能在兩者間取得平衡的釋出文化。

大家可能會覺得這些要求過度理想化，但 PO 必須要安排出能在最快時間內推出高穩定性成果的釋出日期。如果 PO 只一味追求速度，開發團隊可能會為了配合，而協調出不合理的日程。反之，如果 PO 持續答應推延日程，日後開發團隊就會因為一點小問題，就先試圖說服 PO 延後釋出日期。

雖然 PO 不需要管理開發團隊，但仍會對整體團隊的文化具有極大影響力。為了確保開發團隊能長期在適當的速度下為顧客帶來新體驗，PO 應該要帶頭建立健康的釋出文化。

第 9 章

如何在測試中
有效驗證假說？

····················▶

運用 A/B 測試與 P 值的
假說驗證法

「新的 UX 設計目前測試數值看起來不錯耶？」

「但是明天會怎麼樣還不知道，現在 P 值還不夠低啊。」

「但他沒有落在紅色區間，我會保持期待。」

「我們再多觀察兩天吧，直到可信度提升為止，我們還需要更多顧客來使用。」

服務的設計改版後，我一看到數值表現亮眼，就立刻去分析師的位置上搭話，而他用非常冷靜的語調告訴我，現在還不在可信的區間內。

為了優化顧客體驗，PO 會在各種方法中選擇最適合的假說，並經過驗證後才能推出新功能。驗證假說的方法中，最被廣為使用的就是 A/B 測試。在前面的章節中，我們把流量分為 A 組與 B 組進行比較的方式，就是 A/B 測試的基本前提。

這項測試的目的在於確認適用新設計的 B 組，與 A 組比較

時會出現什麼結果。當 PO 為了優化顧客體驗而開發新設計或新功能時，若適用新設計或新功能的 B 組，數值表現比 A 組有了顯著提升，就可以判定假說已被證明；但是，倘若 B 組成效不如 A 組，就會判定假說無法被證實。

再次解釋 A、B 組的分類如下：

· A 組：不適用新設計或新功能的使用者
· B 組：適用新設計或新功能的使用者

新開發的功能釋出後，當 A 組與 B 組的流量逐漸達到各 50% 時，就表示可以準備大規模的正式測試了。

偶爾也會有 PO 想要進行 A/B/C 測試，設定方式如下：

· A 組：不適用新設計或新功能的使用者——25%
· B 組：適用新設計或新功能的使用者——50%
· C 組：不適用新設計或新功能的使用者——25%

A 組和 C 組是一樣的，被分到這兩組的顧客都不會使用到新設計或新功能，而會持續使用原產品。但之所以要把流量分成 A 組與 C 組各占 25%，是基於無法只相信 A 組的前提。

如果只有 A 組和 B 組，假設 B 組顧客的人均銷售額大幅提升，當然就可以根據 B 組呈現出比較好的結果，而判斷假說被證明了。但與 B 組對照的只有 A 組，除非能完全確信測試進行得當，否則就仍應保有懷疑的空間。所以，有些 PO 會再建立一個與 A 組完全一樣的 C 組，比較 A 組與 C 組的數值是否相近。

我們假設下表這樣的狀況：

	A 組	B 組	C 組
腳本一	每位顧客消費 10 美元	每位顧客消費 20 美元	每位顧客消費 15 美元
腳本二	每位顧客消費 10 美元	每位顧客消費 20 美元	每位顧客消費 10 美元

腳本一中，B 組的顧客平均支出高於 A 組顧客，因此我們可能會認為，新推出的設計或功能比原本的更有效。

然而，與 A 組有著相同環境的 C 組客人，平均消費卻落在 A、B 組數值之間的 15 美元。A 組與 C 組處在相同環境下，結果應該要類似，但結果差距這麼大，就代表測試進行有誤。出現這種結果時，PO 就應該中斷測試並找出問題後，再重新開始。

　　腳本二裡，A 組與 C 組的結果相同，這是因為他們適用了相同環境，統計結果自然會相同，此時就可以判斷測試有正常進行。這種情況下，PO 就能夠更信任測試結果。

　　因此，有很多 PO 會堅持用 A/B/C 測試代替 A/B 測試，但我個人偏好 A/B 測試。因為 A 組與 C 組要像上面的案例一樣出現顯著差異的機率很低，而且其中還有可以體現出測試結果可信度的 P 值，所以我認為沒必要再區分 A 組與 C 組。

　　P 值 (P-Value) 是 Probability Value 的縮寫，形容顯著性，簡單來說就是用來判斷實驗結果是否屬於偶然的數值。這邊我就不特別說明統計學上 P 值所代表的意義了。

　　當然，A/B 測試的顯著性差異 (Statistical Significance) 要接近 100% 才值得信賴。如果要計算顯著性差異，就必須用 1 扣除 P 值，假設我們進行了某項 A/B 測試，P 值結果為 0.02，用 1 減去 0.02 就是 0.98，代表顯著性差異為 98%。

　　幸好 A/B 測試平台會幫忙計算 P 值，不需要由 PO 或分析師自己計算，所以我就只針對如何分析 P 值進行說明，不再贅述 P 值的計算方式了。

　　就如同上述案例，假設測試具有 98% 的顯著差異，就能代表結果可信且假說正確嗎?向所有顧客推出新功能或新產品時，如果忽略了這 2%，就很可能會出現完全不同於測試的結果。B

組人均銷售額為 20 美元，因此結束測試並適用了新功能，但隨著時間推移，人均銷售額可能會低於先前，降低至 8 美元。

PO 必須要透過 P 值判斷測試結果。P 值愈接近零，表示 A/B 測試的顯著性差異愈接近 100%。在我所使用的 A/B 測試平台上，如果 P 值經過一定時間後會出現數值下降到非常低的趨勢，就會被標記為「有意義」。如果沒有這種功能，直到 P 值低於 0.01 之前，我都不會相信這份測試結果。一般來說，如果判定 B 組獲勝，而要向所有顧客推出新功能時，大部分主要數據的 P 值都會落在 0.001，大幅低於 0.01，這證明了顯著性差異高達 99.9% 並非偶然的結果。

PO 在設計 A/B 測試時，必須決定要參照哪些數值，因為每一個數值都必須根據 P 值來判斷是否具有意義。我們雖然可以只使用成效指標，但如果要仔細觀察新功能帶來的影響，並從宏觀的角度切入，就必須同時考量以下兩種形態的指標：

	類型	舉例
1	與特定功能直接相關的數值	・影片音量鍵的平均使用數 ・訂購畫面備註功能的使用頻率 ・評價推薦按鍵的點擊次數
2	產品整體數值	・人均訂購次數 ・人均影像收看次數 ・人均圖片上傳次數

　　舉例來說， 食物外送服務 APP 針對下單畫面進行設計改版，P 值全部都是 0.001：

訂購畫面備註功能的使用頻率			人均銷售額	
腳本一	A 組	每份訂單的 10%	A 組	16,800 韓元
	B 組	每份訂單的 75%	B 組	12,300 韓元
腳本二	A 組	每份訂單的 30%	A 組	16,800 韓元
	B 組	每份訂單的 25%	B 組	19,500 韓元

　　從腳本一可看出，B 組的備註功能使用頻率明顯提升，但是人均銷售額卻減少至 12,300 韓元。

　　腳本二中，B 組使用備註功能的頻率有略微下降，但是人均銷售額增加至 19,500 韓元，提升了 16%。

　　如果沒有觀察產品整體的數值，只針對特定功能的數值進行測試，PO 肯定會因為腳本一而歡欣鼓舞，認為 B 組取勝而推出新設計，原因就在於 PO 沒有確認產品整體的平均銷售。不管是出於什麼原因，作為判斷產品是否成功的標準之一，平均銷售額如果銳減，就必須要中斷測試。

　　反之，如果 PO 觀察了所有功能相關數值與產品整體指標，就會中斷腳本一的測試，判斷腳本二的 B 組取勝。雖然腳本二

備註功能的使用頻率稍有減少，但是比起備註功能使用活躍，訂購量增加更能為產品的成功帶來幫助。

如前一章所述，我們需要等待 A/B 測試中的各組使用者數據具有意義。釋出新功能之後，逐漸增加 B 組的適用率，待 A 組與 B 組分別達到 50%，才代表測試正式開始。從這個時間點開始，至少要等待 7 天以上，觀察各項主要指標的 P 值，決定測試要繼續或中斷。假如 P 值沒有下降，就無法取得有意義的測試結果，PO 就要迅速從各種選項中做抉擇：

・再繼續進行幾天的測試，等待更多顧客使用
・中斷測試後，判定新設計或新功能無意義
・雖然沒有取得有意義的結果，但新功能也未對產品整體造成惡性影響，因此判定 B 組獲勝

針對最後一種情況，需要更仔細觀察數據。除了 A/B 測試平台上追蹤的數據以外，還要請求分析師的協助，額外討論其他指標。如果因為忽略 P 值而選定 B 組，PO 就必須負起非常大的責任。

推出新設計或新功能之前，運用 A/B 測試已經是不可或缺的步驟，因為從中我們不但可以證明 PO 提出的假說是否正確，

同時也能確定新設計或新產品推出到所有顧客面前時，不會發
生重大的問題。

懂得承認失敗，
才能提供更好的使用體驗

「史蒂芬，測試結果不好嗎？」

「也不是說不好，但沒有出現有意義的結果。」

「那我們製作的功能不能推出 (Roll-out) 了嗎？」

「目前預計會將安卓版本的測試延長幾天，也會追加觀察其他數值，但 iOS 跟 PC 的版本目前就不會著手開發了，抱歉。」

為了推出一款國內外都未曾嘗試過的功能，開發團隊和設計師投入非常多的心力，特別是設計師為了分別製作安卓、iOS、PC 版本，歷經內部討論、UT 後又反覆修改，吃盡了苦頭。然而，安卓版本的 A/B 測試結果卻不如預期。

為了測試自己設定的假說，PO 必須要獲得許多支援，除了開發團隊的工程師以外，還需要設計師、商業分析師、營運團隊等人的幫忙，才可以進行測試。獲得這些人的幫助，就代

表獲得了公司長時間的資源投入。公司支付大量報酬就為了雇用人員，而這些人會被用來協助測試 PO 的假說。

每當 PO 設定假說、測試、推出新功能，我們也會用「獲得投資」來形容這個過程。先獲得公司的投資後，才可以開始進行測試。假如公司不允許 PO 使用資源，所有的一切都將無法實現。

因此，PO 設立假說時必須非常慎重。此外，在分派 Ticket 給開發團隊和設計師的時候，也要記得自己是在代替公司投資珍貴的資源。

身為 PO 的心理壓力很大，建立了新的假說，花費了兩三個 Sprint，也進行了新功能的 A/B 測試，結果不如預期的話，腦中肯定是千頭萬緒，特別是會對花費心力開發與設計的團隊成員感到抱歉。因為測試結果若不具意義，無法應用在整體服務上的話，這些設計和功能就會付諸東流。

但是，PO 必須要保持理性判斷，從找出開發前文件上記錄的「原則」開始，檢視上面記錄的成功指標，回想當初為什麼這麼定義，透過這個過程，提醒自己想要提供顧客什麼樣的體驗。

假如 A/B 測試的結果看似無法達成原始設定的指標，你就必須要放棄，絕對不能因為這段時間投入的資源和時間而感到

可惜。不論如何，都不能因為心理上對開發團隊與設計師感到抱歉，就以偏頗的視角來解釋測試結果。

人會受到自我中心偏誤 (Egocentric Bias) 的影響，特別是像 PO 這種人，當自己的判斷要隨時被他人評價是否正確時，這種傾向就更為強烈。所以，在進行 A/B 測試時，PO 當然會希望結果是正向的，就算沒有出現有意義的結果，懷著有自我中心偏誤的 PO，可能就會判定 B 組獲勝而如期推出新功能。

所以說，PO 一定要比理性更理性。A/B 測試的結果是基於統計學的結論，如果大量顧客都適用了新功能，但這項功能卻無法對指標產生顯著影響，PO 就必須認清這項事實。當然，驗證 A/B 測試有沒有正確執行，要不要額外進行數據分析，這些也都是 PO 的職責，這種反覆提問、找出真正答案的行為，反而可以說是更加理性的。

一定要知道，PO 也是獲得公司投資的人，若不服從測試結果，投入更多時間試圖找出隱藏在數據裡的意義，對公司或顧客而言都毫無幫助。

不論你跟團隊成員們付諸了多少努力，如果結果沒有顯著意義，就欣然接受，然後設立下一個假說。PO 必須做出明確的決定，開發團隊和設計師才能不浪費時間，專注於達成其他目標。

　　A/B 測試的結果不可能總是盡如人意，其中也經常發生偶然狀況，導致 PO 無法妥善預測真實顧客的行為。不論如何，不要因為測試結果跟自己期望不同就灰心喪氣，也不要花太多時間對組員感到抱歉。PO 的美德在於盡快認清事實，準確瞭解原因，然後繼續完成下一個目標。有時，懂得承認統計數據上的失敗，才能提供顧客更好的使用體驗。

基於統計學結果的決策更貼近事實

「你知道我換工作之後，讓我最鬱悶的事情是什麼嗎？」

「不知道耶，是什麼？」

「我想做 A/B 測試，但使用者太少，P 值看起來沒有變有意義的跡象。」

「跑了 7 天結果還是沒出來嗎？」

「在 Coupang 跑測試的話，測試組馬上就會有數十萬人湧進對吧？ 但這裡等了又等， 都等不到幾千個人， 我真的快瘋了。」

曾經共事過一陣子的前同事，換到一間規模小非常多的新創公司後，在私下聚會時一臉委屈地告訴我這段話，我非常能理解他的沮喪。

如前所述，A/B 測試的目的是為了得出有顯著性差異的統計結果。如果要以統計學進行判斷，樣本 (Sampling) 規模就必

須夠大；因為測試組包含人數愈多，就愈容易做到統計學上的計算。

在 Korbit 短暫任職時，我也曾感受過顧客規模的差距會對數據分析造成諸多影響。顧客數量相對較少時，或在加密貨幣價格不見起色的沉寂時期，實際交易的顧客會更少，少到幾乎不可能獲得有意義的數據進行分析。因為行為模式在不同時期都可能發生顯著變化，如果樣本數量本來就少，就可能會區分不出趨勢變化是偶然的還是有意義的。

倘若這種情況反覆發生，PO 肯定會因此感到氣餒；這時，等待 PO 下決策的開發團隊或設計師也會有同感。PO 有時會因此想中斷 A/B 測試，依直覺做出判斷。

然而，比起依靠直覺，PO 應該基於統計結果做決策。因為與其相信自己，不如相信由多數顧客集體行動而呈現出來的趨勢。想要做出理性的判斷，就應該盡可能有意識地摒除直覺。

但是，PO 可能會為了想盡快推出新功能而快馬加鞭，所以即便 A/B 測試的 P 值不夠低，也會在某個程度上說服自己。P 值愈低，代表假說的可信度愈高，因此一定要等 B 組裡面有足夠多的顧客；如果在還沒達標的狀況下就斷定 B 組表現較優，等新功能實際地全面應用後，就很可能會出現無法預期的結果。

不管再怎麼鬱悶，PO 都要相信統計結果帶來的意義，並冷靜地等待。舉例來說，假設你預計要做 7 天的測試，但在第二天，P 值就下降到非常低。這時，你很可能會問自己，接下來 5 天的測試是否還有必要繼續？你可能會想，依照目前的狀況，應該就能馬上適用於所有顧客了。但是，測試必須經過整整 7 天，才能把時間帶來的偏差一同納入考量，因為顧客在星期天的行為與星期一不同，在星期四也不同於星期六。經過一整週的時間，才能夠統計出時間上的季節性變動。此外，除了 P 值可能是暫時下降以外，也要考慮 P 值的走勢，才能知道特定時間內 P 值能否繼續維持。

PO 必須隨時保持理性，不要急於求成，等到 B 組容納足夠多的顧客時，再來看測試是否得出有意義的結果。因為耐心等待，才能讓我們更貼近真實；唯有如此，才能製作出真正優秀的產品。

實戰 TIP_09

事先決定好待驗證數值

　　現在的 A/B 測試平台可以測試非常多樣的數值。設定時，只要點幾下滑鼠，就可以確認上百種數值。但是，確認過多的數值也會有問題：

- A/B 測試中途，如果有預期之外的數值呈現正向結果，很可能因此輕率地推論測試成功
- 如果目光被吸引到與真正想測試的功能無關的數值上，可能因此無法得出有意義的測試結果

　　PO 在開始 A/B 測試之前，就要決定好待驗證的數值。決定好之後，PO 就應當盡可能集中觀察該數值的變化，即使其他附屬數值出現正向或負向的結果，也要明確認知到最重要的數值是哪一項，而絕對不可以分散注意力。

　　A/B 測試的目的在於驗證最重要的幾項數值的走勢。絕對不可以先開始測試之後，再觀察哪些數值表現比較良好。

　　測試一旦開始，PO 就應該冷靜觀察，直到得出有意義的結果，而不應看到某個附屬數值開始呈現有意義的結果，就因此中斷測試，把設定改成以該數值為中心。中斷測試再重新開

始很方便，但是不能為了證明測試成功，就濫用這項便利。

PO 在開始測試前就應該提前定義好數值 ，專注在其上，就不會發生任何問題。冷靜觀察之後，用理性接受測試結果吧。

第 10 章

修正已發行產品的問題

先把更新的消息傳達給客服中心

「我已經把寫好的設計方案與各個選單的說明寄給你了。」

「好的，史蒂芬。真的很謝謝你，你真的幫了一個大忙。」

「那真是太好了。我們當然要把資訊跟你們分享，這樣你們才能夠為顧客做介紹啊。」

「是啊，負責人也都已經瞭解了，也對客服中心做了訓練，如果有什麼疑問我會再問你。」

Korbit 要推出新的手機服務時，我盡可能依照設計草案，針對功能撰寫了使用說明書，然後寄給了客服中心團隊。

PO 是最瞭解公司新功能的人，不僅對顧客，對內部相關部門來說，PO 是能進行簡略說明的最佳人選。因為，PO 非常瞭解產品要提供顧客什麼樣的體驗，開發內容為何，又為什麼要開發。

　　但是，偶爾也有 PO 會不小心忽略這個重點。新功能釋出後，若已經適用在所有顧客身上，卻沒有告知相關人士的話，就很可能會引起混亂。突然之間變更功能或套用新設計，會導致須直接面對顧客的其他部門要手忙腳亂地釐清狀況。

　　因此，關於新功能的消息，PO 務必要告知第一線面對顧客的部門。客服中心必須先瞭解要說明的內容；想像你是一位顧客，因為搞不懂突然出現的新功能，而打電話給客服中心，但是接洽的客服人員卻說「不好意思，我可能要先詢問一下負責人再跟您聯絡」，這時你會有什麼感覺？首先，不能立刻獲得答案，一定會讓你感到鬱悶，而且這間公司連自家內部發生什麼變化都不清楚，所以你很可能會認為公司內部沒有彼此溝通，對公司和產品的信賴度就會因此下降。

　　客服人員也會因為第一次聽到這項新功能而感到無奈，雖然他想為顧客進行解說，但他根本不知道這是什麼功能，而必須中斷對話、詢問內部，再重新聯繫顧客，也會因此感到不便，浪費了時間與精力。

　　所以，當大多數顧客體驗的產品要發生變化時，PO 務必要告知客服中心。建議 PO 應盡快整理好開發文件與主要使用方法後發送出去，如此一來，客服中心才能提前把資料分發給客服人員並進行教育訓練。另外，與其撰寫文件傳送出去，不

如直接新增一個可以線上讀取的文件或 Wiki 頁面[1]，再利用螢幕截圖輔助說明功能，可以更輕鬆地向大家說明。

除了客服中心，如果會對有交易關係的業者產生影響，事業開發團隊就會希望 PO 提前向他們給予個別說明；資安團隊也必須要知道哪些服務會被更新；開發團隊也需要事先瞭解流量等突然變動的可能性。新功能會比我們想像的對更多內部組織造成影響。

即使是只有內部顧客、而非一般顧客使用的產品做了更新，也必須對他們進行說明，最好是使用電子郵件統一通知所有會使用該產品進行服務營運的部門。即便前幾天已經通知了預計釋出的日期，在全面更新時，也要再通知一次，這時如果可以一起附上使用說明等文件，會很有幫助。

如果是因為法律義務而必須告知顧客，就必須在全面更新前再次通知。如果是在 A/B 測試中，要先告知 B 組顧客的話，就用同樣的方法區分，讓通知只對 B 組顯示。之後要將功能適用在所有顧客身上時，只要設定讓從 A 組轉移到 B 組的顧客也可以看到一樣的通知即可。

通知完內外部顧客與相關部門後，就可以結束 A/B 測試，

---

1 編註：指微軟 (Microsoft) 開發的 Wiki 網站，讓群組可透過建立、連結頁面以快速分享想法及設計。

把 B 組的流量提升至 100%。從這一刻開始，長期以來設立的假說、經歷過的企畫、設計、開發、釋出、測試的功能都將成為產品的一部分。

B 組的適用率提升到 100% 後，這段時間歷經千辛萬苦的人們大概都會感到神清氣爽。此時，我希望所有 PO 在這個時候，都要真心誠意地對團隊成員表達謝意，因為如果沒有他們，就不可能向顧客推出新設計或新功能。當產品獲得改善時，PO 不應該把功勞都攬在自己身上，一定要時刻銘記，光靠 PO 自己一個人是什麼都做不了的。

產品不可能完美

「喂？請問是因為演算法跑不了才打電話給我的嗎？」

「沒錯，史蒂芬，現在系統跑不了。」

「好，我知道了。不好意思，又有人打電話來了。我會跟開發團隊確認，每兩分鐘會在群組裡更新一次狀況。非常抱歉。」

深夜下班後、剛運動完回到家，電話就不斷響起。戴在手腕上的智慧型手錶不停地震動，通話中又有其他負責人打電話來，我必須要立刻瞭解並排除問題。

我們在內部顧客使用的網站上新增了一項功能後，似乎發生了測試時沒能預見的問題。雖然功能都已經釋出了，但因為內部顧客正大量使用，才導致問題爆發；這被稱為「邊緣情況」(Edge Case)，指偶爾才會在特殊情況下發生問題的情形。

電話不斷作響，因為刻不容緩，我不能只顧著接電話，所

以我立刻在所有內部顧客都能收到訊息的官方帳號上留言：

更新

・我們已經知道狀況了，開發團隊正在確認問題

・我每兩分鐘會在這裡更新狀況

・請各位不需要再個別打電話通知我

留完言後，我立刻與負責的工程師聯絡。

「現在是整體現場都受到了影響，不只有部分。」

「沒錯，史蒂芬。我正在確認，我好像知道哪裡有問題了。」

「還要多少時間？告訴我一個大概的 ETA。」

「再給我 5 分鐘左右。」

「現場可能只有 30 分鐘的時間，還要花 5 分鐘以上的話，可以立刻中斷然後進行還原嗎？」

所幸我們早就設想好問題發生的可能性，才可以如此快速地應對。尤其在新功能全面釋出的日子要更加費神，我跟負責的工程師整個晚上都熬夜待命著。

即使經過測試，逐漸提升適用率至 100%，還是可能會發生無法預期的問題。為了應對這種狀況，PO 應該要與開發團

隊進行事前討論，找出讓負責人可以持續監控的應對措施。在
工程師解決問題的期間，為了持續更新狀況給內、外顧客或相
關部門，PO「可能」要隨時待命會比較好。

　　不對，PO 是「必須」要隨時待命，因為 PO 必須要做出決
策。在持續瞭解狀況的同時，PO 也要從以下幾點做出選擇：

- 如果是嚴重的狀況，立刻還原回以前的版本
- 如果是可以立刻修正的狀況，就請大家稍待
- 如果以為可立刻修正，但時間延遲時，就要立刻還原或進行
  次要方案

　　因為自己的產品發生問題，有些 PO 會感到焦慮或丟臉。
但是這個時候，比起那些情緒，當務之急是考慮每分每秒對顧
客產生的影響，並做出最適合的決定。PO 必須綜觀工程師的
能力、所需的時間、顧客的情況等，在最適合的時間做出最果
斷的決策。

　　如果 PO 猶豫不決，不但會毀掉產品，顧客體驗也會跟著
崩毀。如果是馬上可以解決的問題卻直接還原，就不是正確的
選擇；但也不能因為百分百相信工程師的話，就耽誤時間空等
問題被解決。由於每個狀況都有其特殊之處，PO 要消化所有

的資訊，隨時準備好做出適當的決策。

　　一旦下了決定，就一定要貫徹始終。如果一下子說不要還原，一下子又拜託工程師還原，然後又改口說要修正問題，會使所有人都陷入混亂。PO 是控制所有狀況的核心，工程師只是負責解決技術上的問題；要下達什麼樣的決策是 PO 的職責，顧客與相關部門都等著 PO 做決定和給出指引。因此，PO 千萬不可以優柔寡斷。

　　新功能適用率提升至 100% 的喜悅只是暫時的，PO 要立刻做好最壞的打算，事先瞭解發生各種問題的可能性，與開發團隊一起做好應對措施。就算電話或訊息如雪片般飛來也不可以慌張，PO 必須瞭解情況、進行說明、下達決策、提供支援，直到所有問題都被解決。

　　產品不可能完美。顧客時常會以 PO 或開發團隊意想不到的方式使用產品，即便測試時間再長，都不可能驗證過所有情況。產品不可能完美，而必須被持續改善；只要牢記這項事實，就算發生問題也能臨危不亂，成為一位可以事先預防、當機立斷的 PO。

將時間浪費降到最低的策略

「史蒂芬，下一個 UT 的日期是什麼時候？」

「我們還在跟受試者接洽，大概是下星期四左右進行，沒問題吧？」

「當然，都準備好了。」

100% 推出大規模新功能改版的隔天，設計師問了我 UT 的日期。剛做完一個階段，明明可以暫時喘口氣，但我們已經開始邁入下一個計畫了。

Coupang 有著 15 種領導力原則 (Leadership Principles)，也就是把所有成員要追求的價值，整理成為 15 個要點。其中，我最強調的原則之一是 Hate Waste，直譯就是「憎惡浪費」，這幾個字裡面蘊涵著許多意義，我認為它並不只單純在說不要浪費執行的費用。

我經常使用 Hate Waste 這句話，特別是在決定開發順序的

時候，或在開會時，這句話就會更頻繁地出現。在會議中途，如果因為不必要的對話而造成時間上的浪費，我就會說：「我們不要浪費在場這麼多人的時間，需要討論的人再另外單獨討論吧。Let's hate waste」。或者，每個季度結束之際，我在更新自己負責的產品文件時，也會對身為 PO 的自己進行自我批判，寫下「要明確釐清顧客雇用我們家產品的理由，應該集中改善特定功能，但是我卻投入約兩週的開發資源來解決其他事情，應該要做到 Hate Waste，但我卻浪費了資源與時間」。

在快速發展的產業中，PO 與開發團隊的時間非常珍貴。除了我自己以外，我也非常忌諱浪費開發團隊與設計師、商業分析師，和其他相關部門成員的時間。因為他們的時間就是金錢與費用，必須要有效利用時間，才能夠持續帶給顧客更好的使用體驗。

有一次，我聽說我們團隊釋出的功能數量，遠遠超出公司裡面任何一個團隊，我的組員也對此半開玩笑地發了牢騷。事實上，其他團隊進行一次設計改版要投入 2 個月左右的時間，但我們組已經完成了所有平台的設計改版，在每一個 Sprint 裡都追加應用了新功能。最後，我們在短時間內完成了所有成功指標，甚至還要把指標重新向上修定，成長了數十倍之多。當時雖然很辛苦，但回過頭看，像這樣不浪費資源優化產品的經

驗真的彌足珍貴。

PO 要像這樣遵守 Hate Waste 的原則。為了有效利用時間，與開發團隊合作時，首先要妥善計劃日程。為了不浪費任何一點時間，讓專案能夠直接邁進下一個目標，我會用以下的方式計劃各個職位的日程：

PO	需求		草案檢討	UT	需求		草案檢討	UT	需求
設計師		第一次草案	第二次草案	最終方案		第一次草案	第二次草案	最終方案	
後端		開始開發	開發			其他開發	QA	開始開發	
前端		其他開發	開始開發	開發			QA	Bug修正	

上圖是為了展示順序的基本框架，請各位忽略詳細排程的比重，開發時間很可能會再長一些，此外這裡也沒有額外抓出 UX 驗證的時間。這其中，藍色、灰色、深灰色格子分別代表不同的項目。

首先，PO 要定義好需求，然後傳達給設計師與開發經理，設計師便會著手進行第一次草案設計，開發經理也會與後端工程師一起討論並研究系統框架後著手開發。設計師在開始第二次草案設計時，畫面的結構已經幾乎接近完成的階段，因此前端工程師從這個時間點便可以著手開發。經過 UT 測試，最終

方案出爐後，在完成開發的這段時間內，PO 準備 A/B 測試與發行的同時，就可以開始撰寫下一個功能的需求。

當 PO 準備下一項需求時，開發團隊專注在開發的期間，設計師就可以投入下一項目的第一次草案作業，然後重複這個流程。這個過程中，後端或前端工程師若暫時有空檔，就可以將資源用在處理代辦清單中的開發事項或技術改善 (Technical Improvement)，進行平台的優化。

最重要的是，PO 必須瞭解主要流程並善加規劃，讓各個職位的人在等待彼此完成工作時，盡量不要浪費時間。PO 必須提出需求，才能進行設計草案的作業，提供設計草案後，開發團隊才得以著手開發。因此，在大家各自專注於不同工作時，只要能各司其職地按流程進行，就可以將時間的浪費降到最低。

PO 必須在有限的時間內，提供給顧客最大的價值。產品需要不斷優化，但是時間與資源是有限的，因此要時刻做好準備，讓每個職務都能全力工作。請隨時把 Hate Waste 銘記在心，付諸努力而不浪費任何一點時間，寧可聽到別人說這個 PO 很狠毒，但只要最後能夠提供顧客最棒的使用體驗，所有人都會心滿意足，因為製作出優秀的產品、獲得顧客的稱讚就是最棒的回報。

建立一個可以傾聽顧客聲音的環境

「你會額外整理好每天客服中心收到的疑問或客訴，然後分享給大家嗎？」

「不會，系統上可以看得到。」

「那如果不各自去搜尋的話，總公司不就不知道顧客為什麼不滿意而聯絡客服中心了嗎？」

「是的。 但如果發生重大問題， 我們還是會聯絡開發團隊。」

「那你們可以每天額外整理出主要的疑問或客訴，然後隔天發信出來嗎？我會告訴你要怎麼做。」

換到 Korbit 任職後，我立刻詢問客服人員會不會額外整理一份顧客聲音 (VOC)。公司每天都會收到幾件諮詢或客訴，還會標示這當中哪些問題沒被按時處理，但是並沒有將這些內容另外分類整理出來。

VOC 是 Voice of the Customer，也就是顧客聲音的縮寫。顧客在使用產品的過程中，感到不便或出現任何疑問時，嘗試向公司聯絡的所有行為都是 VOC。他們可以直接打電話給客服中心、寄送電子郵件、在留言板上提問，甚至寫親筆信，這些都屬於 VOC。

對 PO 而言，沒有比 VOC 更珍貴的資訊了。當我們需要蒐集顧客意見、消除顧客不便、製作出滿足顧客需求的產品時，能夠清楚接收到顧客的想法是一件非常幸運的事情。客服人員回答完顧客的疑問後，他可能便認為流程已經完成，但如果可以整合這些顧客的意見，就能為 PO、開發團隊、營運團隊、管理層等公司各部門帶來幫助。

所以我一進到 Korbit 任職，就立刻提議要製作 VOC 報告，且須包含以下內容：

・使用者 ID
・顧客分類
・疑問與意見
・問題種類
・接洽管道
・設備類型

- APP 版本資訊

- OS 資訊

- 瀏覽器資訊

- 加入日期

- 最近 30 天內的交易量

- 最近 90 天內的交易量

- 最近 1 年內的交易量

- 最近 30 天內的 VOC 數量

- 最近 1 年內的 VOC 數量

要列出使用者 ID 和顧客分類是為了區分顧客，雖然每個產品或每家公司營運的方式都不一樣，但如果有區分一般顧客、VIP 顧客、VVIP 顧客的標準，就可以直接應用在這裡。ID 是解決個別問題必備的資料，記錄下來的話會更方便作業。

疑問與意見是顧客傳遞的訊息內容。如果是電子郵件的話，就只要直接貼上即可，若是透過電話或 APP 提問，則由客服人員將內容概述後填寫。這份報告裡最核心的內容就是顧客聲音。如果客服中心還有額外管理顧客種類的方式，也可以在這裡標記。

列出接洽管道、設備類型、APP 版本資訊、OS 資訊、瀏

覽器資訊的目的，是要瞭解顧客的使用環境。就算是同一個機種的智慧型手機，如果沒有把 APP 或 OS 更新到最新版，也會發生不同問題。如果是太舊的 APP 版本，由於產品還沒被優化，很可能會發生錯誤，如果能記錄這些資訊，就能方便 PO 或開發團隊立刻處理。

另外，透過交易量或銷售額等業務相關數據的附屬資料，可以瞭解顧客是否是近期才加入、交易量多寡、以及是否經常提出 VOC 等各種資訊，以便釐清顧客的意圖和狀況。

把每天收到的 VOC 全部收集起來，再傳達出去是毫無意義的，因為數量會過於龐大。所以，客服中心團隊的成員每天只要確認並整合主要的內容即可。特別是發生技術問題的當天，如果可以把相關客訴或疑問都綜合整理起來，就能夠更詳細地瞭解這些問題實際上對顧客造成的影響。

透過內部系統或 Tableau 收集這些資訊後，每天在特定時間內發送出去。收件人可以包含 PO、開發經理、設計師、營運部門、法務部門、管理層等，不管是誰，只要對方有興趣收到並瞭解，都可以將 VOC 報告寄給他，而不一定只能提供給特定人士。

如果你是 PO，我建議你每天都要閱讀 VOC 報告。因為 PO 無法直接接觸到大量顧客，閱讀這些彙整起來的文件，就可以

發現非常重要的資訊。我為了解決在 VOC 中得知的顧客不便，設計了很多新功能。從某方面看來，VOC 是可以大量減輕 PO 辛勞的工具。

作為 PO，我每一季都會去電話客服中心報到。每家公司的營運方針不同，法律規範也不一樣，因此還要視各家公司的狀況找方法，但如果可以，我會花一天左右的時間坐在電話客服人員的旁邊；實際聽取顧客的意見是非常有幫助的。

VOC 報告是以文字的方式整理而成，但是客服中心接到的電話則包含著顧客的情緒。當你直接接觸到顧客有多煩躁、多不便、多無奈，就會深刻反省。希望 PO 都可以去傾聽使用自己負責產品的顧客所感受到的不便。

不過，VOC 的內容並非都是負面的，有時也會聽到一些稱讚。顧客一般都是因為感到不便才聯絡客服，因此少有稱讚。但是，如果能收到這種心意，內心就會感到非常滿足，而想製作出更多更好的產品。

PO 必須像這樣建立一個可以接收顧客聲音的環境。如果沒有這個程序，建議大家可以與客服中心合力製作 VOC 報告。因為接收到顧客的聲音，不僅可以帶來新的想法，還能反省自己，或是感受到喜悅。我們之所以要製作 VOC，就是為了可以與顧客更加靠近。

多工處理問題的三大原則

「史蒂芬，你還沒下班吧？你還在位子上嗎？」

「我才剛結束會議回到位子上，有什麼事嗎？」

「我們正在會議，想提出一個開發需求，你現在有時間嗎？」

「當然，我現在下去 15 樓可以嗎？」

早上 9 點開始第一場會議，一直到晚上 7 點才終於回到自己的位子，但好像有人在某處監視我一樣，電話馬上就打來了。對方的聲音感覺很急促，於是我立刻答應參加會議，隨後我就拿著 MacBook 和筆記本再次走向電梯。

我下到 15 樓時，發現在貼滿一整側走廊的白板上，密密麻麻地寫滿了數字和文字，周圍站著五、六個人，正熱烈地討論著。我立刻上前傾聽瞭解情況，因為我知道等下一定會有人問「開發這個要多久？」

　　PO 生涯中最辛苦的事情之一 ， 就是每天要吸收大量資訊並立刻整理思緒。不管是負責一個產品還是多個產品，PO 都必須參加各種會議，與工程師一起分析問題的會議、與設計師討論草案的會議、與數據分析師討論演算法的會議、與經營團隊討論下個季度目標的會議，還有很多其他部門要求的會議，為了參加這些 15 到 30 分鐘起跳的會議，要在各個樓層間移動，腦袋沒有稍作休息的空檔。

　　PO 要盡快掌握重點、做出決定，因此進入會議後，PO 要用最快的速度瞭解內容。會議內容每 30 分鐘會更換一次，所以 PO 要比這個節奏更快地抓住重點。 討論設計草案的時候可能會突然討論到演算法，所以，知道該如何解決什麼問題很重要，因為大部分的會議都在等待 PO 做出決策、制定下一個計畫。

　　也因此，我養成了開門見山提出問題的習慣。我只有 30 分鐘左右的時間，實在沒辦法聽對方討論我根本無法理解的內容。一開始我對要打斷別人的談話也會感到抱歉，但是後來我才理解，身為一位 PO，掌握資訊、做出決策比保持禮貌更重要。因為對其他人而言 ， 比起一個善良的 PO， 他們更需要能快速且正確瞭解資訊的 PO，因為這樣才能更快地優化顧客體驗。

　　PO 在會議中會經常看電腦和手機回答問題 。 我會盡量避免這樣的行為，但是如果沒辦法立刻回答工程師的問題，他們

很可能到晚上會議結束之前都沒有進展，因此，我經常要一邊用耳朵傾聽會議內容，一邊用手打字回答問題。我同時要想很多事，卻又必須專注其中，這種不可能做到每件事的感覺，正是我每天的日常。

PO 如果能完全專注在自己的產品上就再好不過了，但是，事實往往不如所願。內、外部顧客永遠都在期待著產品有更新的進展，相關部門也有很多需求，要向管理層報告的數據和資料也是由 PO 準備，因此 PO 的大腦要時刻保持清醒。假如營運上發生問題，PO 連晚上和凌晨都要隨時待命、保持聯繫，大部分的時間都要繃緊神經。

如果想要適應 PO 的人生，就要遵守以下幾點。

首先，必須要細心。對 PO 而言，每天要參加十場會議見到數十個人，而他們都是把自己最重要的需求傳達給 PO。如果沒有當場梳理內容、記錄在某個地方，就很容易會忘記。不管記憶力再好，也沒辦法在每天轉換數十次的會議內容中，記住每個微小細節。因此，無論要用電腦，或是記在筆記本上，請一定要找到自己的方法記錄下所有事情，因為收集所有需求是最基本的事。

其次，必須做好溝通，我把它稱為「期望管理」(Expectation Management)。對於每個將需求傳達給 PO 的人而言，自己的需

求都是最重要的。但 PO 與開發團隊又已經定義好了優先順序，如果把話講得好像馬上就會滿足他們的需求，卻花了很長時間進行開發，那麼就會造成內、外部顧客或相關部門的失望，也就因此無法和他們維持良好的互動關係。我會時刻記得該季度要達成的 OKR 與成功指標，以及為每個產品設定好的原則，然後我會告訴對方各個需求事項的優先順序。如果在會議中無法決定，會議結束後，我也會盡快向對方說明，即使當下聽起來像是在拒絕，但只要雙方之間能形成正確的期望，就不會有失望。此外，讓對方知道 PO 或開發團隊無法立刻給予幫助，對方也才有時間準備對策。如果對方一味期待 PO 可以幫忙解決而浪費了時間，最終也會導致無法提供顧客良好的體驗。

PO 就像是一位問題解決者，必須針對如何解決顧客不便、相關部門遇到的困難、管理層好奇的草案等各種問題，提出解決方案，特別是與自己產品相關的事項，更要無條件地負起責任、解決問題。

不過，PO 也只是一個普通人，沒辦法接收如此多的要求，所以制定好適合自己的程序也很重要。仔細記錄好自己理解的內容、決定好優先順序、建立正確的期待，只要遵守好這三點，就可以在沒有大困難的情況下，將精力集中在資訊洪流中最重要的事情上。

實戰 TIP_10

堅持 5 Why 方法

即使經過再充分的測試，把適用率提升到 100%、完成了整體釋出後，也可能會在意想不到的瞬間發生問題，例如連線的顧客數量激增，或發生無法考量的邊緣情況等各種問題。

發生問題時，首先要與開發團隊一起在最短的時間內恢復正常服務。這種時候，比起從長遠觀點進行檢視，更應該專注於找出快速解決問題的方法。因為最重要的事，是把對顧客造成的影響降到最低。

解決問題之後，再召開事後檢討會議，除了邀請負責開發的團隊以外，也要邀請開發經理、相關部門等所有人員。雖然不需要一發生問題就立刻召集會議，可以保留幾天或者一週左右的時間做準備，不過如果拖了太久，就會很難記得當時具體發生什麼事情，而且還可能會發生其他問題，所以盡量不要超過一週。開始檢討會議之前，開發負責人應該要將下列事項文件化，並事先分享給與會人員。

・問題什麼時候發生的？
・花了多久時間才找到問題？
・對顧客產生的影響規模多大？

- 為什麼會發生這個問題？
- 短期的解決方案是什麼？
- 中長期完整解決問題的方案是什麼？

其中最重要的是瞭解問題發生的原因。要先瞭解問題的起因，才能準備好合適的解決方法，也才能防止問題再度發生。瞭解原因的方法有很多種，最常被使用的方法是 5 Why。5 Why 是以「為什麼」開頭的五個問題為基礎，深入瞭解根本原因的方法。第一個問題會從比較廣泛的觀點切入，後續會愈來愈深入。

假設有一個電影購票 APP 發生問題，顧客在一定期間內無法購買電影票：

1. **為什麼客人無法購票？**

   因為無法選擇可購買的座位，所以無法進入下一步進行結帳。

2. **為什麼不能選擇座位？**

   無法讀取可購買的座位資訊。

3. **為什麼無法讀取可購買的座位資訊？**

   可即時讀取購買資訊的 API 無法正常運作。

4. **為什麼 API 無法正常運作？**

   釋出新版本前，沒有更新讀取 API 的細節。

5. 為什麼沒有更新？

跟相關部門的事前溝通不夠充足，沒有確實完成文書作業。

　　雖然發生的問題各式各樣，但只要像這樣深入探討，便可以找出原因。PO 和開發團隊瞭解實情後，就要盡可能努力避免問題再度發生。

　　當然，比起 PO，開發團隊的負責人應該要更密切地管理出現在開發產品中的 Bug。但是，PO 也要知道問題發生的原因，以便日後應對問題。PO 必須要詢問清楚 5 Why 有沒有確實撰寫，以及原因是否有被釐清。如果能得出大家都可以接受的結論，就要注意日後不要再次發生類似的問題。如果還需要導入中長期解決方案，PO 就要把它記錄到待辦清單裡，在適當時間與開發團隊討論如何應用更完美的解決方案。

第 11 章

應該挑選什麼樣的人才擔任 PO？

招聘 PO 之前先確認工作量

「史蒂芬，我們是不是還需要再多一位 PO 或 PM？」

「不用，還可以。有一組開發團隊還要再招人，等招聘人數確定之後再考慮吧。那個團隊規模擴大以後，工作量可能會增加，如果我覺得太忙的話，我會先考慮補一位 PM，那個團隊不需要再一個額外的 PO。」

「我知道了。審核面試者和補充人力都需要花幾個月的時間，盡快決定會比較好。」

「好，我再想一下。」

因為我負責的產品數量急劇增加，同事問我需不需要再補充人力，但我告訴他暫時先觀察情勢後再做判斷。

顧名思義，PO 就是「擁有」(Own) 產品的人，因此必須對產品負起所有的責任，針對產品要優化的方向，要能提出充分意見。所以，有些 PO 比較偏好投入全新開發的產品作業，因

為可以從零開始，和開發團隊一起研究出一個產品。但是，讓 PO 投入優化已經在應用中的產品，比開發新產品更為常見。

我相信 PO 必須要擁有產品的「所有權」(Ownership)，若因為自己的工作量變多，就把一部分工作分享給新來的 PO，會導致那位 PO 只是在履行我所設定的目標與計畫，很可能幾乎無法表達自己的想法。

在 Coupang 裡，還有協助 PO 的 PM（Product Manager，產品經理）與 TPM（Technical Program Manager，技術專案經理）。在大多數 TPM 都會直接向我彙報的體系中，我也是扮演著 PO 的角色。每個組織或公司的 PO、PM、TPM 都各有不同，但一般可以被分類如下表：

職　位	角　色	結　論
PO	・代表顧客，設定可以創造出商業價值的假說 ・計劃驗證假說的方法，並定義開發、設計與需求 ・討論成功指標、細項指標等，進行數據分析 ・創建 Epic、Story 等開發 Ticket ・進行 UT 後整理並分享顧客反饋 ・與顧客和相關部門溝通，管理待辦事項	策略者
PM/TPM	・與開發團隊討論並安排開發日程 ・創建並整理具體的開發 Ticket ・與其他開發團隊合作時，統整需求並安排會議 ・企劃詳細的測試方式後執行測試	執行者

- 撰寫並釋出新功能或產品的使用說明書
- 回答顧客或相關部門的細項問題

PM 和 TPM，是為了達成 PO 所設定的目標，進行細部調整與執行的人。尤其在技術層面，要與多個團隊合作時，TPM 就可以給予協助。為了讓 PO 可以從更全面的角度定義需求，PM 與 TPM 會密切審視開發進度，確保一切照計畫進行。

因為有這樣的工作結構，我才表示沒有必要立刻補充 PO 或 PM 的人力。PO 必須清楚瞭解產品後再定義需求，但是，在特定開發團隊正招聘新工程師的時間點，如果也一起補充新的 PO 人力，因為雙方對於產品的理解程度都還不夠，肯定會搞得彼此精疲力竭。不過，我也沒有馬上就需要新的 PM 或 TPM 來協助我執行，因為目前那個開發團隊的工作量我還足以支援。這也是為什麼，如果工作量真的太多的話，我會希望補充 PM 或 TPM，而不是 PO。

最近經常可以看到招聘 PO 的廣告，似乎連跟 IT 沒太大相關的大企業，也打算要招聘 PO。但若仔細閱讀招聘廣告和事業目標的話，我有時會懷疑這份工作是不是真的適合 PO。如果沒有達到至少以下幾點條件，我建議不要雇用 PO 會比較好：

1. 給予 PO 完整的所有權
2. 應當有可以專門與 PO 合作的開發團隊

　　執行已經決定好的策略，並不是 PO 應該負責的工作。如果要實現管理層已經決定好的事業開發項目，那麼選擇 TPM 或 PM 會更適合。身為 PO，卻不能觀察數據、傾聽顧客聲音、設定假說的話，那就不需要 PO 了。如果結構組織本身是垂直形態，必須按照上級指示的內容來執行，或要 PO 不斷企劃和報告的話，就絕對不可以聘用 PO。可以聘用 PO 的組織，應該要有可以快速設定假說、不斷製作 MVP 後進行測試的環境。

　　如果 PO 沒有開發團隊，就什麼事情都做不了。PO 要和開發團隊密切合作、並從中產出成果，如果根本沒有同事可以為 PO 開發，會是一件很可悲的事。倘若公司只需要一個設定假說、再寫報告的人，就沒必要招聘 PO。或是公司內部沒有開發團隊而需要發包的話，那也不需要 PO，因為外包公司通常都有 PM，所以公司只需要聘請一位專案經理，確認外包業者能不能遵守日程即可。

　　如果要招聘 PO，就必須要有讓 PO 與開發團隊能齊聚一堂的空間，給予 PO 完整的所有權，並把 PO 當作是迷你 CEO，讓團隊像公司內部的公司一樣運轉。如果不具備這種環境，建

275

議可以雇用其他職位代替 PO。

招聘 PO 之前，要先確認好工作量與環境。如果是要製作新產品，或希望有人可全職負責優化現有產品的話，就應該雇用 PO。如果是需要落實已經制定好的計畫，那麼雇用 PM 或 TPM 就比較合適。而沒有專門的開發團隊的話，就不需要雇用 PO。急著招聘之前，不如先思考一下公司為什麼需要 PO，對公司和 PO 而言都會更有幫助。

試探出無限潛力的方法

「您好，可以給我一點時間嗎？我先準備一下。」

結束會議後，我準時趕到面試的會議室，對來面試的人說了這句話。我把電腦放到桌上後打開筆記本，接著說：

「我叫做史蒂芬，我先簡單自我介紹一下。」

我都會先對所有來面試的人，稍微解釋我是做什麼的人，因為在對方不知道我是誰的情況下就開始談話，可能會讓面試者不知所措。我認為先鄭重地自我介紹，對抽出寶貴時間來面試的人來說，是最基本的禮儀。

「我看過您的履歷表了。可以麻煩您先簡單說一下最近期從事的工作嗎？我會用一邊提問的方式跟您對談。但對話時我可以偶爾使用電腦打字嗎？做筆記可以幫助我記憶，所以想先尋求您的同意。」

不只是針對 PO，不管面試任何職位，我都會先請對方聊

聊最近一份工作，因為幾年前他做過什麼、從哪一間學校畢業，都無法協助我進行判斷，而且這些資訊從履歷表上就能瞭解。我更想花時間瞭解他從學校畢業後，長時間以來的經歷所形成的思考方式，而這一點在面試 PO 的時候格外重要。

在評斷對方之前，必須先足夠瞭解面試者的境況，絕對不能憑空而論。所以，在聽對方講解的過程中若有不理解的地方，我都會馬上提問，即便這讓我看起來有多蠢，我都不忌諱提問。舉例來說，我會反問對方「我不太瞭解行銷平台，可以請問您剛剛提到的縮寫是什麼意思嗎？」這類問題。我會持續對話，直到我可以詳細瞭解 PO 面試者的近況，這通常會花費 10 分鐘左右的時間。

「謝謝您的說明。我們可以回到剛剛對話的最開始嗎？您有簡短提到公司目標，請問您負責平台的具體目標是什麼？您怎麼判斷自己有沒有達成目標呢？」

瞭解對方在什麼情況下負責什麼工作之後，我會開始深入探討 (Deep-Diving)，為的是能在過程中明白面試者為什麼、如何做出各項抉擇。首先，我必須知道面試者負責的產品要提供顧客什麼樣的價值。如果對方回答只是遵循管理層要求，我就會質疑他是否適合當 PO。其次，面試者應該要知道自己負責的產品在公司整體目標中扮演著什麼樣的角色，重要的是確認

對方是否擁有對公司整體的宏觀視角、並透過以顧客為中心的思考方式，來設定成功指標的經驗。

PO 面試中，深入探討時可能會提出的問題舉例如下：

問題 1：你的產品顧客是誰？

這一題是為了確認對方能否充分區分內、外部顧客的類型，因為 PO 必須具備分類與產品顧客相關的大量數據的能力。舉例來說，使用銀行 APP 的顧客中，主要有確認資產狀態的顧客、經常匯款的顧客、申請貸款的顧客、新加入還未使用的顧客等各種類型。像 YouTube 這類的影像串流產品中，主要也可以分為消費內容與生產內容的顧客。生產內容的顧客中，可能還可以分為經常定期更新優質內容以貢獻銷售額的顧客，與偶爾上傳較低價值內容的顧客。就像這樣，一個產品的顧客非常多樣。要先分清楚顧客，接著才能瞭解要分別為他們提供什麼樣的價值。

問題 2：真的只有這一個顧客群嗎？

很多面試者都無法回答這一題，因為他們沒有將顧客細分後再進行分析的足夠經驗。不過只要經過訓練，很快就可以學會區分顧客的方法，因此要透過再次提問，瞭解其中的可能性。

這時，有能力的面試者就會透過對話意識到，原來自己的產品能為更多不同的顧客提供價值。

問題 3：如果要從兩種顧客中，優先選擇其中一種，你會專注在哪一個顧客群上？

　　PO 必須在非常有限的資源與時間下，做出最合適的判斷，有時還必須做出抉擇，在最重要的幾樣東西中進行取捨。因此提出這樣的問題，能瞭解對方會用什麼樣的標準決定優先順序。讓我們用一個居家清潔服務的 APP 來舉例，假如有一位顧客是有居家清潔需求的一般顧客，而另一位顧客是收到需求後、收錢提供清潔的服務供應者，沒有這兩種顧客，這個產品就毫無用處。但開發團隊是有限的，應該要優先改善有清潔需求的顧客體驗，還是應該要改善清潔提供者的功能，以便能更快速提供清潔服務呢？

　　再以影片串流服務舉例，我們有消費內容的顧客與生產內容的顧客，如果要選擇其中之一優化使用經驗的話，要選擇哪一方呢？應該要投注資源讓顧客可以更方便收看內容嗎？還是為了累積更多優質內容，而先優化生產者的經驗呢？只要詢問對方，若只能選擇其中一項專注開發，就可以確認 PO 的思考方式與決定優先順序的過程。雖然面試者可能會因為沒被問過

這種問題而驚慌失措，但畢竟 PO 在平時也經常要快速下達類似的決策。仔細聽對方的回答，就可以瞭解面試者是否具有戰略性、宏觀性的思維。

問題 4：如果要把你方才所述的內容以更簡化的方式實現，你會怎麼做？

PO 需要與開發團隊合作，如果對於技術層面的理解力不足，就很難與團隊維持良好關係。當面試者說明產品開發流程時，詢問對方能否進一步簡化實現技術的方法，就可以從中看出他對技術理解程度的高低，同時也要確認他的簡化流程是否能提供顧客更好的使用體驗。面試者有時候會回答，因為時間不足或沒有資源，所以沒有考慮過這種簡化作業，這時就先請對方假設自己可以使用所有資源來解決該問題，再請他說明作業流程，以便驗證對方是否瞭解公司內部各系統之間的關係、數據收集的方式，以及透過這些資源實現自動化的可能性。

深度探討約一兩個產品之後，再只針對他最近期負責的產品提問，因為幾年前參與的專案已經沒有太大意義。假如面試者迴避產品相關的問題，只想解釋其他內容，就一定要瞭解對方為什麼要迴避，並確認對方是否真的擔任過 PO 的職務。其

他與履歷相關的問題，人事部或其他面試官應該都已經確認過了，我就會省略這個部分。

在最後的階段，我還會提出一個案例 (Case)，假設一個特定狀況，確認面試者是否有解決問題的能力。PO 面試官們一般會以自己最熟知的產品為基礎提問，或是問自己最近遇到的問題。面試官並不是希望獲得解決方案，而是想要確認面試者會用什麼觀點來解決問題。以下是我曾經提過的一個案例：

「您最近有透過電商交易 APP 購買商品嗎？是嗎？您幫孩子買了玩具啊。那麼假設有個顧客在搜尋欄裡只打了 『玩具』 兩個字，身為負責搜尋功能的 PO，您希望可以把最能滿足特定客群的玩具商品搜尋結果顯示在頁面最上方，您具體會怎麼實現？」

由於這是 PO 的面試，我並不是希望面試者詳述技術方面如何實現，而是想確認與 PO 能力更相關的部分。

首先，我會確認對方有沒有正確瞭解需求狀況。玩具只是一個例子，但重點應該是在於當你只收到一個詞彙時，要如何在無數的商品中，挑選出一項你相信顧客一定會滿意的商品，並向他推播。如果是一位真的非常優秀的面試者，就會在問題中緊抓「滿足」這個詞。但不管我再怎麼強調，大多數的面試

者還是都會忽略掉這點，而優秀的面試者就會知道解決問題的方法不該只是單純把暢銷商品顯示在頁面上端。僅僅因為「滿足」這一個詞彙，就可以在這個案例中凸顯出個人差異。

清楚瞭解問題後，接著要知道自己可用的數據有哪些，你必須思考在無數的數據中，應該要考量哪些數據，並將這些數據分類為可被利用的形態。舉例來說，這個案例中就可以把數據大致區分為「顧客相關數據」與「產品相關數據」，因為我們要先瞭解顧客，才能向他推播適合的商品。但是，很少有面試者會思考要如何將這些數據分類使用，有思考到這點的面試者就會讓我印象非常深刻。

最理想的面試者，會在說明完各種實現方法後，接著提出如何驗證所有過程是否成功。重要的是先問自己「這麼做真的會讓這位顧客感到滿足嗎？」然後再說明應如何確認，因為 PO 設定完假說，等待開發團隊實現後，還要負責進行測試。如果能主動提出該以何種程序來驗證自己的方式是否正確，就會是非常優秀的 PO 面試者。

用案例提問，是為了瞭解面試者在收到問題後，從頭到尾解決的過程。但這裡沒有正確答案，因為實現產品的方法非常多樣。但面試者必須先清楚瞭解問題，思考自己手上的資源後制定邏輯，並說明應該如何實現產品，還要將驗證程序也一起

納入考量。因為 PO 每天都要煩惱這些事，所以面試時最好能至少提出一個案例詢問面試者。

談完案例之後，要給面試者機會，讓他提出與公司或面試官相關的問題。這時我會根據他提出的問題，瞭解這位面試者認為什麼事情比較重要。如果對方是詢問獎金或職級相關問題，我會請他直接去問人事部。相對地，如果他能提出我或是其他 PO 同事會面臨的問題，例如與目標或顧客相關的問題，這場 PO 間的對話就會進行得很順暢。面試結束之後，我們會與其他面試官在會議上一起討論，以各自面試後撰寫的報告為基礎，討論面試者的優缺點並點出特別事項。只有經過充分討論後，我們才會選定面試者，並要思考對 PO 而言最重要的資質是什麼，以判斷面試者是否具備相應的能力。

目前韓國的 PO 資源還不夠豐富，所以通常很難找到完美的 PO，但我們也沒必要選擇不具備 PO 資質的人。因為即使經驗不夠充足，還是會有具備 PO 資質的面試者；如果沒有完美的 PO，就選擇一位接近完美的面試者吧。

成為優秀 PO 的必經之路

「如果可以給你一個建議的話,就是開發完成日期還沒明確決定時,標示『未定』會更好一些。因為如果你在給各相關部門參考的文件上寫『12 月底左右』,會很難管理期望值。」

「我知道了,下次我會改寫『未定』。」

「你要等 ETA 有一定可信度時再寫。話說回來,如果我經常像這樣給你批評意見,也沒有關係嗎?」

「當然了,因為我想成為 PO。但是一直以來都沒有人給我建議,您告訴我的事情都對我很有幫助。」

跟共事的 TPM 進行每週面談時,我問了他這段話。由於我相當直率,只要出現任何影響產品或整體團隊發展的小問題,我都會以建議的形式提出其他方法。我知道對方有在努力,因此會盡可能調整用字遣詞,避免傷害對方的心情。但我知道這還是有可能會事與願違地傷害到對方,所以提了這個問題,卻

意外獲得了非常正向的答覆。

大家都說，為了達成目標而盡心盡力的 PO，往往很難受到開發團隊的尊重。我遇過許多 PO 已對此不抱任何希望，我以前的上司也曾氣餒地吐露開發團隊很討厭他的個性。相當多的 PO 都在專注於達到目標時，忽視了培養人際關係，抱持著被罵也是沒辦法的態度。

雖然很困難，但我認為不應該放棄，而要為了成為理想中的 PO 繼續努力。如果你是想成為 PO 的人才，我會建議你把重心放在如何與開發團隊和相關部門合作，而且要營造一個能被對方認可的氛圍。

假設你的公司錄用了一位新的 PO。

對 PO 而言，「所有權」最為重要，當所有權的概念瓦解，PO 就會失去力量。如果這位 PO 無法針對自己的產品設定假說並定義出需求，就沒有任何人會承認這位 PO 的所有權。當公司錄用了一位 PO，基本上你就要把所有權全數轉移給這位 PO。如果只是因為自己是上司，就替對方做決定，那麼開發團隊和相關部門就會認為上司才是實際上的負責人。

PO 如果想要快速適應，就必須積累自己對產品的瞭解。自己的產品固然重要，但最好還要知道自己的產品與其他系統之間該如何順暢連動。當新的 PO 進入公司後，可以建議他與

其他產品的 PO 和開發經理們各別面談；並且告訴他其他相關部門主要負責處理需求的窗口是誰，也會很有幫助。

絕對不要每一件事情都親自解說。獲得知識對 PO 而言雖然重要，但他也必須要自己去認識其他 PO、開發經理和相關部門成員，並敞開心胸、培養關係。直接見面並自我介紹的過程非常重要，如此一來其他人才會意識到這位 PO 是新的負責人，並立刻將問題或需求傳達給他。

要持續給新進 PO 機會，直到他能獲得信心。如果他是非常有經驗的 PO，短時間內就可以瞭解系統、事業與顧客，接著就能解決複雜的問題；然而大多數人都需要時間在新環境中證明自己，千萬不能相信新 PO 一進公司就能夠立刻解決所有問題。

讓對方從小事開始負責。不管經驗再怎麼豐富的 PO，如果馬上就接手一個大規模產品，一定會因此備感壓力。如果你是上司，應該在可允許的範圍內，細分出最低限度的產品，再將其委任給新進 PO。至少花費一個季度左右的時間，讓其負責規模相對較小的產品，給予對方充分瞭解公司、事業、系統以及顧客的機會。

認可對方的成果也很重要。單憑 PO 是無法做出任何成果的，他要與開發團隊、設計師等人合作。但在這個過程中，PO

還必須要歷經許多思考與驗證；PO 若不能開始主動設定目標、帶領團隊，就很難取得明確的成果。假如新進來的 PO 開始可以達成某個程度的成功指標，就應該盡可能地公開認可對方的表現，這樣大家才能幫助新進 PO 認知到自己的貢獻。

身為 PO，一定會跟開發團隊、設計師、分析師、相關部門，甚至顧客發生摩擦。除非很明顯是 PO 的錯，否則你不應該馬上抱持特定立場。每次發生摩擦，上司就立即介入的話，從長期來看並不好；應該要讓新進 PO 先自己解決問題，如果情況惡化，再介入進行仲裁。讓新進 PO 自行解決問題，有助於形成更健康的關係，因此最好要相信對方並在一旁觀察。

PO 必須要像面試時一樣，養成深入探討的習慣。為了幫助新進 PO 能夠自行在所有情況下自我反問並深入探討，上司最好可以持續提出問題，定期問對方「我看到你設定的成功指標了，其中最重要的指標是哪一項？」「為什麼把 ETA 算得比較晚？」「這已經是最簡化的設計了嗎？」等問題，最終目的是要讓 PO 也可以對自己提出這些問題。

不要替對方決定答案。PO 必須要可以自己設定假說並進行測試，如果由上司決定的話，PO 便無法成長。倘若上司堅持己見，新 PO 就會在召集開發團隊和相關部門的會議上講出「因為上頭要求」，當這句話脫口而出的瞬間，這位 PO 的所有

權就會毀於一旦。這樣一來，其他人就會不再單純接受這位新進 PO 的決定，而會認為「這應該是上頭要求的吧」。

與其讓他說出是「上頭指示」，不如直接給予他建議。決策應該是由 PO 主動下達，不管這個專案對事業有多重要，即使是你要透過 PO 快速下達指示，也要讓他能有邏輯條理地向團隊解釋為什麼要開發這項功能。你必須要引導 PO 認知到公司要達成的目標，絕對不能強求他；PO 必須要先感同身受地理解為什麼要開發這項功能，再向他人解釋。

一定要記得 PO 是負責人，既然雇用了 PO，就要打造出一個讓他可以成為負責人的環境。給予對方空間，讓他能獲得開發團隊與相關部門的尊重，並針對他執行的方案給予建議，鼓勵對方果斷設定並達成目標，同時提出方向，讓他成為一位可以獲得他人尊重的 PO。當新進 PO 獲得自信後，所有權自然就會擴大，也就可以更有效率地推出能帶給顧客價值的產品。

實戰 TIP_11

一開始不是 PO 也沒關係

實際上，全世界可以馬上執行 PO 業務的人才並不多，連可以累積經驗成長為 PO 的機會也不常見，所以不太可能立刻就招聘到一位具有 PO 即戰力的人才。

還不如準備好一個可以讓人成長為 PO 的墊腳石，這樣做對人才或公司而言都好。人才可以少面臨一些來自對 PO 要求的壓力，公司也能有機會培育出符合自家氛圍和目標的人才。只要調整好雙方的期望值，甚至還會比一開始就招聘 PO 進來更好。

如果你覺得很難發掘具有 PO 能力的人才，那麼公司可以準備好以下的成長階段：

1. 從開發或 UX 設計領域的人才中，挑選有帶領專案經驗的人
2. 如果認為他的問題解決能力或數據分析能力很優秀，可先交付他小型專案
3. 最好讓他先擔任過 PM 或 TPM 等職務
4. 可以先代他決定 Epic、最終目標與需要達成的數值等
5. 但還是要讓他自己與顧客或內部部門溝通，並能整理出具體需求

6. 當一個專案順利進展到發行後，就可以再交付給他更大規模的專案

7. 最後要讓他有機會能同時執行多個專案

8. 當你認為他已經可以全權負責一個專案時，就可以將職務轉換成 PO

　　與其期待對方一開始就具備 PO 應有的能力，不如去發掘具有合適能力的人才，讓他擔任 PM 並漸漸累積經驗。當他可以同時執行多個專案時，就會領悟出屬於自己的整理需求與管理待辦事項的方法。而且在這個過程中，他也能與開發者、相關部門，以及最重要的顧客培養關係。先花 6 個月到 1 年的時間，給予他慢慢適應的機會，再將職位轉換成 PO 會非常有效。

　　具備所有 PO 應有經驗的人才非常稀少，但是只要仔細尋找，就會發現具備 PO 資質的人才非常多。只要他是會瞭解問題本質、分析數據、制定系統性解決方法、決定先後順序、能與合作對象或顧客順暢溝通的人才，就讓他先從 PM 開始累積經驗，再慢慢將他培養成一位 PO 吧。

　　不需要執著於一開始就找到具備所有能力的 PO。雖然公司可以選擇聘用現任的 PO，但是我也希望公司能思考如何培養出適合自家公司的 PO。我相信如此一來，產品生態界才能更進一步成長。

後 記

「你認為成為 PO 最重要的資質是什麼？」

正在準備 PO 養成課程的教育機構負責人向我提問。原本我想回答，做任何事情都要非常用心，但話到嘴邊又收了回來，仔細思考了一下。

「Coupang 領導力原則中，我一直銘記在心的是『系統思維』(Thinking Systematically) 與『深入探討』，一定要懂得這兩件事。在培育 PO 的過程中，我認為試著解決各種案例，同時培養分析能力，更勝過於只是告訴他們要注意哪些原則。」

PO 必須瞭解問題本質，發生問題的時候要能找出原因，這樣才可以避免重複犯下相同的錯誤；當產品成功上市後，也要找出成功的原因，才能夠再次複製應用。應該探究每一件事情的原因，並思考如何製作出更棒的產品。

但是還有一點，我並沒有告訴這位負責人。系統性思考與深入探究找出原因的行為，目的都是為了製作出正確的產品；而製作正確產品所付諸的努力，則是帶給顧客令人感動的使用體驗時所不可或缺的。

如果要選一個 PO 最需要具備的資質，那麼應該就是「可以站在顧客立場思考的能力」。PO 必須知道顧客需要什麼、喜歡什麼、會對什麼感到不便，要能真心地站在顧客的立場思考。

　　除此之外，當顧客不知道自己需要什麼、喜歡什麼、會對什麼感到不便的時候，PO 也要代替他們找出來，盡可能提供最佳的使用體驗。如果 PO 對顧客能瞭若指掌，就應該能在顧客體認到需求之前就先知道他們要什麼。

　　再者，PO 應該抱持著為顧客提供最佳使用體驗而製作某種東西的心態。這種心態不能止於思考，而是一顆想成就更好的使用體驗的真心；把這個當作動力，才能製造出產品。

　　最後，PO 還必須把想盡快推出產品的動力當作後盾，付出實際行動，毫不猶豫地清除任何會成為絆腳石的東西。產品一經驗證，PO 就應該刻不容緩地推出它，給予自己壓力，才能避免讓顧客等待太久。

　　如果你可以確實地站在顧客立場思考、真心想要提供更好的使用體驗而做出正確的產品，並且急著想要快速推出產品的話，一定可以成為一位優秀的 PO。而在這一系列過程中，PO 仍必須系統式地思考並深入探討；如果你已經具備以上三點能力，試著系統思維與深入探討也該是不可或缺的基本要素。

　　總結來說，PO 應該是利他主義者。PO 重視的不應該是個人的成果或成就，而是在顧客的感動中看見這世界又前進了一小步的同時，就能為此感到心滿意足。真心希望這世界上能有更多的 PO，願意把這份幸福當作燃料，反覆不斷地推動著開發產品的過程。

國家圖書館出版品預行編目資料

產品負責人實戰守則：從洞悉顧客需求，到引領敏捷
開發，韓國電商龍頭頂尖PO教你打造好產品的決勝
關鍵／金星翰著;蔡佩君譯.－－初版一刷.－－臺北
市: 三民，2022
　　　面;　　公分.－－（職學堂）
　　譯自: 조직을 성공으로 이끄는 프로덕트 오너: PO
가 말하는 애자일 혁신 전략

　　ISBN 978－957－14－7470－0　（平裝）
　　1. 企業經營 2. 策略管理

494.1　　　　　　　　　　　　　　　111008933

| 職學堂 |

產品負責人實戰守則：從洞悉顧客需求，到引領敏捷開發，韓國電商龍頭頂尖 PO 教你打造好產品的決勝關鍵

作　　　者	金星翰
譯　　　者	蔡佩君
責任編輯	林妍欣
美術編輯	江佳炘
發 行 人	劉振強
出 版 者	三民書局股份有限公司
地　　　址	臺北市復興北路 386 號 (復北門市) 臺北市重慶南路一段 61 號 (重南門市)
電　　　話	(02)25006600
網　　　址	三民網路書店 https://www.sanmin.com.tw
出版日期	初版一刷 2022 年 7 月
書籍編號	S541550
Ｉ Ｓ Ｂ Ｎ	978-957-14-7470-0

Product Owner
Copyright © 2021, KIM, SUNGHAN
First published in Korea by Sejong Books, Inc.
Traditional Chinese Copyright © 2022 by San Min Book Co., Ltd.
Traditional Chinese Translation rights arranged with Sejong Books, Inc. through
Arui SHIN Agency & LEE's Literary Agency
ALL RIGHTS RESERVED